教育部第二批现代学徒制试点建设项目（XM-15）的创新实践成果
内蒙古自治区教育科学"十三五"规划课题
（课题编号：NZJGH2018046、NZJGH2018056、NZJGH- XH2019038）的研究成果

高职机械产品检测检验技术专业现代学徒制试点培养实践与创新

王靖东　王　慧　韩丽华　秦晋丽　著

U0177623

机械工业出版社

本书是包头职业技术学院承担的教育部第二批现代学徒制试点建设项目之机械产品检测检验技术专业现代学徒制试点子项目（XM-15）和内蒙古自治区教育科学"十三五"规划课题（课题编号：NZJGH2018046、NZJGH2018056、NZJGH-XH2019038）的研究成果。本书内容分为建设篇、案例篇、总结篇、附录4个部分，对机械产品检测检验技术专业现代学徒制项目建设的全过程及具体的建设成果进行了详细的阐述。建设篇主要介绍校企协同育人机制的构建、招生招工一体化工作的推进、人才培养制度和标准的完善、校企互聘共用的师资队伍的构建、现代学徒制管理制度的构建；案例篇主要介绍机械产品检测检验技术专业在现代学徒制试点建设过程中的典型案例；总结篇主要介绍机械产品检测检验技术专业现代学徒制试点建设的相关自检报告与总结报告；附录主要列举了教育部关于开展现代学徒制建设的相关文件及工作方案。

本书可作为高等职业院校、高等专科学校及本科院校的二级职业技术学院的教学行政管理人员、专业教师、现代学徒制校企"双导师"人员、企事业单位人力资源从业人员和从事现代学徒制研究人员的参考用书。

图书在版编目（CIP）数据

高职机械产品检测检验技术专业现代学徒制试点培养实践与创新/王靖东等著. —北京：机械工业出版社，2020. 11

ISBN 978-7-111-66858-9

Ⅰ.①高… Ⅱ.①王… Ⅲ.①机械工业 – 产品质量 – 质量检验 – 教学改革 – 高等职业教育 Ⅳ.①TH-43

中国版本图书馆 CIP 数据核字（2020）第 213685 号

机械工业出版社（北京市百万庄大街 22 号 邮政编码 100037）
策划编辑：王英杰 责任编辑：王英杰
责任校对：王 欣 封面设计：张 静
责任印制：常天培
北京捷迅佳彩印刷有限公司印刷
2021 年 1 月第 1 版第 1 次印刷
184mm×260mm · 11 印张 · 271 千字
001—500 册
标准书号：ISBN 978-7-111-66858-9
定价：48.00 元

电话服务　　　　　　　　网络服务
客服电话：010-88361066　　机 工 官 网：www.cmpbook.com
　　　　　010-88379833　　机 工 官 博：weibo. com/cmp1952
　　　　　010-68326294　　金 书 网：www.golden-book.com
封底无防伪标均为盗版　　机工教育服务网：www.cmpedu. com

前　言

包头职业技术学院是国家百所示范性高等职业院校之一。学院于 2004 年被教育部等六部委确定为承担国家技能型紧缺人才培养培训院校；2008 年被国家国防科技工业局确定为首批国防科技工业职业教育实训基地，同年被教育部、财政部确定为国家示范性高等职业院校；2016 年被教育部确定为"高职院校内部质量诊断与改进工作"试点院校之一，入选国家"十三五"职业教育产教融合发展工程规划项目，成为全国机械行业"现代学徒制"试点院校；2017 年被确定为"国家优质院校"立项建设单位、高等职业教育创新发展行动计划项目承建院校、教育部第二批现代学徒制试点院校。近年来，学院积极探索以服务军工企业和地方经济发展为宗旨，服务内蒙古自治区"装备制造、钢铁冶金、电力装备、新能源"等支柱产业的新型办学理念，不断深化产教融合、校企合作办学实践，并与内蒙古第一机械集团有限公司、北方重工集团有限公司等国有特大型装备制造企业以及 300 多家各类企业形成了完善的长效合作机制。

本书共分 3 篇，详细介绍了包头职业技术学院机械产品检测检验技术专业与遴选的内蒙古第一机械集团有限公司计量检测中心、丰达石油装备股份有限公司、天津立中集团包头盛泰汽车零部件制造有限公司三家合作单位校企协同开展现代学徒制人才培养模式的实践，探索并成功获批 2017 年度教育部第二批现代学徒制试点专业的经验。学院与合作企业共同签订现代学徒制校企合作协议书，并协同制定招生与招工方案，确定了学生的双重身份（既是学生又是学徒）；积极推进校企协同育人教学机制改革，实施"双主体协同育人"的人才培养模式，开发"学校课程＋企业课程"的理论与实践课程体系和相关教学资源；校企协同组建由校内骨干教师与企业资深师傅组成的专兼结合的师资队伍，通过聘请企业资深师傅，开展以"双师素质"和"双师结构"并重的"双导师"师资队伍建设；校企双方"共建、共管、共享、共用"实践教学条件，并协同制定具有现代学徒制特色的双主体协同育人的组织管理与考核评价办法，创新校企协同育人新机制。

本书汇集了教育部第二批现代学徒制试点建设项目（XM-15）（机械产品检测检验技术专业）现代学徒制实践探索中取得的主要成果和内蒙古自治区教育科学"十三五"规划课题（课题编号：NZJGH2018046、NZJGH2018056、NZJGH2019038）的主要研究成果。

本书由包头职业技术学院的王靖东、王慧、韩丽华、秦晋丽合作完成。在本书的编写过程中，得到了包头职业技术学院的孙慧、郭天臻，内蒙古第一机械集团有限公司的张永表、张惠敏，丰达石油装备股份有限公司的陈志波，盛泰汽车零部件制造有限公司的白艳荣等人员的支持和帮助，在此表示衷心感谢。由于机械产品检测检验技术专业现代学徒制人才培养工作还处于实践探索阶段，书中难免存在欠妥之处，敬请广大读者批评指正。

著　者

目　录

建设篇

包头职业技术学院机械产品检测检验技术专业自成功申报教育部第二批现代学徒制试点项目以来，严格按照《教育部关于开展现代学徒制试点工作的意见》（教职成〔2014〕9号）和《教育部办公厅关于做好2017年度现代学徒制试点工作的通知》（教职成厅函〔2017〕17号）等文件的相关要求，积极开展试点工作。现代学徒制项目建设紧紧围绕"校企协同育人，学徒岗位成才"的建设主线，坚持以"服务发展、就业导向、技能为本、能力为重"为原则，以推进"产教融合、工学结合、知行合一"为目标，以立德树人和促进学生（学徒）的全面发展为试点工作的根本任务，以创新招生制度、管理保障制度以及人才培养模式为突破口，以形成"分工合作、协同育人、共同发展"的长效机制为着力点，注重整体谋划、增强政策协调，逐步建立起"学生—学徒—准员工—员工"四位一体分阶段校企双主体育人的现代学徒制度，逐步建立校企双元育人机制，建立"三方利益共同体"，实现"三个对接"（即专业设置对接产业需求、课程内容对接职业标准、教学过程对接生产过程），践行"四个融合"（即教室与岗位融合、教师与师傅融合、考试与考核融合、学历与证书融合），开展"八共同"（即校企共同制定人才培养方案、共同开发课程体系、共同制定课程标准、共同编写企业特色教材、共同建设实训基地、共同培养"双师型""双导师"师资、共同实施教学和学生管理、共同进行学生考核评价和指导学生就业创业）育人策略。通过试点建设，深化校企合作协同用人机制，探索和创新校企联合招生、联合培养、双向兼职、"双元四阶段八共同"育人模式。

为推进现代学徒制的顺利开展与实施，包头职业技术学院各部门上下联动、多措并举，成立院、系两级现代学徒制试点工作领导小组，根据教育部有关文件的精神出台了《包头职业技术学院现代学徒制试点工作实施方案》《包头职业技术学院现代学徒制推进意见》《机械产品检测检验技术专业现代学徒制试点工作实施方案》等文件，明确组织机构、建设目标、建设举措、建设进度安排、分年度建设指标等内容，紧密围绕建设目标开展并积极推进试点工作。下面将从构建校企协同育人机制、推进招生招工一体化、完善人才培养制度和标准、建设校企互聘共用的师资队伍、建立健全现代学徒制特点的管理制度5个方面对包头职业技术学院机械产品检测检验技术专业现代学徒制项目的建设工作进行阐述。

一、构建校企协同育人机制

（一）项目概况

1. 合作企业概述

包头职业技术学院领导经过多方走访调研，遴选三家机械产品检测检验技术专业现代学徒制合作单位：内蒙古第一机械集团有限公司计量检测中心、丰达石油装备股份有限公司、天津立中集团包头盛泰汽车零部件制造有限公司。

（1）内蒙古第一机械集团有限公司计量检测中心 内蒙古第一机械集团股份有限公司（以下简称"一机集团"），曾用名"内蒙古第一机械厂（617厂）"，始建于1954年，是国家"一五"期间156个重点建设项目之一，是中国兵器工业集团有限公司的骨干企业，是内蒙古自治区最大的装备制造企业。一机集团计量检测中心是集团有限公司的检测/校准技术研究与保障机构，承担着一机集团计量检测基础技术研究及产品制造全流程计量检测技术解决方案的制定工作，同时代表集团公司行使计量检测专业技术对产品制造全过程的技术状态及质量的监管职责。多年来，该计量检测中心按照国家/国防实验室认可体系、质量管理体系、计量管理体系高效运行，不仅为一机集团提供优质的检测/校准技术保障工作，同时为广大社会客户提供了优质的检测/校准技术服务。该计量检测中心各类分析计量仪器齐全，资源设备与科研技术研发能力雄厚，检测/校准能力和水平在同行业中处于领先地位。

该计量检测中心现有员工 218 人，专业技术人员占 40% 以上，其中包括研究员级的高级技术职称员工 30 余人，拥有固定资产 3100 余万元，各类计量设备 400 多台（套），建立企业最高计量标准 25 项。2004 年以来，中心先后获得"中国合格评定实验室认可委员会认可证书"（CNAS L1057）、"国防科技工业实验室认可委员会认可证书"（DL082）、内蒙古自治区质量技术监督局颁发的"计量认证证书"（2010050291A）等多个资质证书。

（2）丰达石油装备股份有限公司　丰达石油装备股份有限公司成立于 2005 年，地处内蒙古自治区包头市。公司原有厂区占地面积为 $75466m^2$，新建厂区占地面积为 $185342m^2$，总投资 7.2 亿元。公司生产设备精良，检测设备齐全，主要包括 800t 全自动智能平锻机、智能摩擦焊机、1000t 液压校直机、800t 液压镦锻机组以及最先进的热处理生产线。公司现有员工 200 人，其中高级专业技术人员 50 余人。该企业在自主研发创新的基础上，凭借先进的设备、严格的管理、精湛的技术以及高素质的员工，为国内外客户提供了优质的产品及配套服务。2008 年，公司正式加盟为中国石油天然气集团有限公司物资供应商。该公司生产的抽油杆、钻铤、钻杆、加重钻杆等系列产品获得内蒙古自治区"名牌产品"和"全国消费者信得过品牌"等荣誉称号。

（3）天津立中集团包头盛泰汽车零部件制造有限公司　天津立中集团包头盛泰汽车零部件制造有限公司成立于 2015 年，是天津立中集团股份有限公司全资子公司，隶属于立中车轮集团，注册资本 2.4 亿元，占地面积约为 $236667m^2$。该公司是专业从事铸造铝合金车轮研发与制造的科技型企业。公司拥有从纯铝液到成品集熔、铸、旋、热、加、涂全套五代加工设备与工艺，可生产全涂、亮面等产品 200 余种，现可达到年产 540 万只铝合金车轮的生产规模，成为我国西北地区铝合金轮毂生产基地。

该公司技术实力雄厚，产品研发周期短、速度快，目前已形成了"一地研发、六地制造、快速交付"的产业格局。公司已通过 IATF16949 质量管理体系认证，2016 年公司研发中心被授予"自治区级企业技术中心"称号，2017 年通过 ISO14001 环境管理体系认证。该公司与内蒙古工业大学及北京交通大学分别建立了"高强韧轻量化车轮工程技术研究中心"与"铝合金车轮智能制造创新基地"，奠定了良好的研发基础。

2. 试点专业概况

机械产品检测检验技术专业在全国高等职业院校开设较少，包头职业技术学院是内蒙古自治区第一家开设该专业的职业院校。

机械产品检测检验技术专业是通过包头职业技术学院与一机集团计量检测中心、内蒙古北方重工业集团有限公司（以下简称北重集团）、中国核工业集团有限公司二〇二厂计量检测中心采用校企合作、工学结合的模式创建而成。通过校企双方前期的大量沟通与积极筹备，包头职业技术学院与一机集团计量检测中心签订校企合作人才培养框架协议并举办联合培训基地建设揭牌仪式。

　　机械产品检测检验技术专业在由校企推荐技术专家组成的专业建设指导委员会指导下共同制定人才培养方案，从职业分析入手，确定职业岗位（群）所需的各种能力及相应的专项技能，制定岗位要求，设置相应的专业课程体系，制定专业课程教学方案，把能力与素质的培养作为人才培养的主要目标，并实行"双证书"制度。在人才培养过程中，企业参与提供生产性实践教学环境并全程参与专业人才的培养与质量监控，具体包括课程开发、实践教学、毕业综合技能训练、毕业顶岗实习等环节。根据企业对人才需求的不断变化与高等职业教育的发展，校企双方定期对人才培养方案进行修订。

　　2016年，包头职业技术学院以《中国制造2025》为行动纲领并结合本专业自身的特点，主要与内蒙古第一机械集团有限公司计量检测中心通过校企深入合作，以现代学徒制的全新模式进行人才培养。合作初期，学院领导通过多方面的考察，认为内蒙古第一机械集团有限公司计量检测中心无论是设施还是软实力在内蒙古自治区计量检测领域均处于领先水平，同时该中心可以设置多个一线工作场所作为学徒实训基地，具备开展现代学徒制培养的各项条件。中心的技术人员配置和设备资源见表1-1、表1-2。内蒙古第一机械集团有限公司领导高度重视本次合作，意在合理利用包头职业技术学院的优良教学资源来培养公司的战略后备人才队伍，为公司的可持续发展提供人力支持。校企合力本着"合作共赢、职责共担"的原则，有效整合校企资源，为机械产品检测检验技术专业现代学徒制的实施奠定了坚实的合作基础。

表1-1　内蒙古第一机械集团有限公司计量检测中心技术人员配置

序号	相关职称	人数	相关资质
1	研究员级高级工程师	2	"计量检测体系合格证书"
2	高级工程师	24	"国家实验室认可证书"（中国合格评定国家认可委员会颁发）
3	工程师	31	"国防实验室认可证书"（国防科技工业实验室认可委员会颁发）
4	高级技师	4	"锅炉压力容器压力管道及特种设备检验许可证书"（国家质量监督检验检疫总局颁发）
5	技师	20	"产品检测计量认证证书"（内蒙古自治区质量技术监督局颁发）
6	技术能手	34	

表1-2　内蒙古第一机械集团有限公司计量检测中心设备资源

序号	部门		设备资源
1	几何量计量室	标准组	接触式干涉仪、1m测长机、立式光学计（2台）、万能测角仪、全自动圆柱度仪、表面粗糙度仪、平面等厚干涉仪、量块、卡尺类量具、外径千分尺等
2		万能组	量块、外径千分尺、内径百分表、去磁机以及表类检定仪等
3		专用组	机械式比较仪、万能测齿仪、投影仪、万能工具显微镜、立式光学计、测长仪、直角尺检查仪、卧式光学计、齿轮测量仪、等机测量仪、电动量仪等
4		精测组	三坐标测量机（3台）、圆柱度仪（2台）、激光跟踪仪、激光干涉仪、电子扭矩/力校准仪以及关节臂测量机等、齿轮测量中心
5	理化检测室		CS-200碳硫测定仪、ONH836测定仪、JY Profile HR型辉光放电发射光谱仪、垂直发电等离子发射仪、电子天平（万分之一分度）、T6新世纪紫外可见分光光度计、波长射散型荧光光谱仪等

2016 年 7 月，在包头职业技术学院与内蒙古第一机械集团有限公司计量检测中心各领导与技术专家组成的专业建设指导委员会的指导下，根据内蒙古第一机械集团有限公司计量检测中心的岗位标准要求，双方共同制定了机械产品检测检验技术专业人才培养方案。本专业人才培养方案分校、企两个版本，由学院正式公布并实施。本次现代学徒制试点年级为 2017 级（17 人）和 2018 级（11 人）。

（二）建设内容

在机械产品检测检验技术专业现代学徒制建设过程中，校企双方本着"合作共赢、职责共担"的原则，逐步建立校企紧密合作、分段育人、多方参与评价的双主体协同育人机制。具体包括制定校企合作协同育人框架协议，逐步建立校企人才培养成本分担机制，有效整合并完善校企教学资源。

1. 校企双方签署联合培养协议

2017 年 12 月，包头职业技术学院与三家合作单位分别签署《机械产品检测检验技术专业现代学徒制培养模式校企合作协议书》，明确校企双方在人才培养过程的职责分工等具体内容，详情见附件 1.1～附件 1.3。

2. 校企双方协同制定完成人才培养成本分担办法

以教育部《现代学徒制试点工作实施方案》中明确提出的"探索人才培养成本分担机制，统筹利用好校内实训场所、公共实训中心和企业实习岗位等教学资源，形成企业与职业院校联合开展现代学徒制的长效机制"为出发点，通过校企协同探索，初步构建机械产品检测检验技术专业现代学徒制人才成本分担机制，明确在人才培养过程中培养成本分担等内容，制定了《机械产品检测检验技术专业现代学徒制试点人才培养成本分担办法》，详情见附件 1.4。

3. 校企双方协同制定完成校企资源数据表

为了充分利用机械产品检测检验技术专业现代学徒制建设平台，有效整合校企资源，实现资源共享、合作共赢，特制定校企资源数据表，主要涵盖用于现代学徒制建设的校企软实力（师资队伍）与硬件（校内外实训资源）等资源内容，详情见附件 1.5。

附件 1.1

机械产品检测检验技术专业
现代学徒制培养模式校企合作协议书

甲方：<u>包头职业技术学院</u>

乙方：<u>内蒙古第一机械集团有限公司计量检测中心</u>

为贯彻党和国家的科教兴国方针，推动我国高等职业技术教育的发展，在高职教育中积极探索依托企业办学的现代学徒制人才培养模式，经甲乙双方友好协商，现就机械产品检测检验技术专业进行现代学徒制培养模式改革与实践校企合作，共同培养能适应社会需要、素质高、技能强的应用型高级职业人才，达成如下协议：

一、甲方职责

1）聘任乙方推荐的专家为专业指导委员会委员，共同制定适应社会需求的现代学徒制人才培养方案，进行专业建设和教材的开发。

2）聘任乙方推荐的高级技术人员、管理人员为兼职教师，直接参与甲方教学与实习指导工作，并向乙方人员支付合理的薪资报酬。

3）协助乙方开展员工培训，提高员工业务素质，提供相关教学服务。

4）安排甲方有经验的专业教师承担或参与乙方科研工作，向乙方提供相关技术信息、咨询等服务。

5）优先推荐优秀现代学徒制毕业生到乙方实习、就业。

二、乙方职责

1）推荐专家加入专业指导委员会，与甲方共同制定现代学徒制人才培养方案，进行专业建设和教材开发。

2）推荐符合要求的技术人员、管理人员作为甲方的兼职教师和师傅，并支持他们参与甲方授课、指导实训、编写教材等教学活动。

3）经甲方聘请，乙方推荐经营、生产技术、科研、管理人员到甲方做学术报告；向甲方提供相关技术信息、咨询等服务。

4）为甲方学生提供综合实践、顶岗实习、实训安排的岗位，主要培养岗位为几何量测量技术、长度计量、几何量精密测量，并指派相关人员作为企业师傅参与指导。同时向学生支付岗位薪资报酬。

5）根据企业发展需要和双向选择原则，择优录用甲方现代学徒制毕业生。

三、组织管理

1）成立由双方组成的 6~8 人的学徒制专业建设指导委员会。

2）专业指导委员会负责本协议的执行。

3）甲乙双方每年检查评估本协议的执行情况，总结合作经验，调整、完善合作方案。

4）甲乙双方协商设立校企合作学术论坛，交流合作经验、总结合作成果，用以互通信息、增进了解、扩大影响。

5）甲乙双方根据教学合作开展情况，在各类媒体上进行相关报道，扩大影响。

四、实施细则

协议的实施细则另行协商制定。

五、协议文本及有效期

本协议一式肆份，甲乙双方各执贰份，具有同等法律效力。

本协议自双方授权代表共同签字盖章之日起生效，协议有效期为三年，如需延长，在本协议到期前三个月双方进行协商。

（以下无正文）

甲方：包头职业技术学院　　　　　乙方：内蒙古第一机械集团有限公司计量检测中心

授权代表签字盖章（公章）：　　　授权代表签字盖章（公章）：

签署日期：　　　　　　　　　　　签署日期：

附件1.2

机械产品检测检验技术专业
现代学徒制培养模式校企合作协议书

甲方：包头职业技术学院

乙方：丰达石油装备股份有限公司

为贯彻党和国家的科教兴国方针，推动我国高等职业技术教育的发展，在高职教育中积极探索依托企业办学的现代学徒制人才培养模式，经甲乙双方友好协商，现就机械产品检测检验技术专业进行现代学徒制培养模式改革与实践校企合作，共同培养能适应社会需要、素质高、技能强的应用型高级职业人才，达成如下协议：

一、甲方职责

1）聘任乙方推荐的专家为专业指导委员会委员，共同制定适应社会需求的现代学徒制人才培养方案，进行专业建设和教材的开发。

2）聘任乙方推荐的高级技术人员、管理人员为兼职教师，直接参与甲方教学与实习指导工作。

3）协助乙方开展员工培训，提高员工业务素质，提供相关教学服务。

4）安排甲方有经验的专业教师承担或参与乙方科研工作，向乙方提供相关技术信息、咨询等服务。

5）优先推荐优秀现代学徒制毕业生到乙方实习、就业。

二、乙方职责

1）推荐专家加入专业指导委员会，与甲方共同制定现代学徒制人才培养方案，进行专业建设和教材开发。

2）推荐符合要求的技术人员、管理人员作为甲方的兼职教师和师傅，并支持他们参与甲方授课、指导实训、编写教材等教学活动。

3）经甲方聘请，乙方推荐经营、生产技术、科研、管理人员到甲方做学术报告；向甲方提供相关技术信息、咨询等服务。

4）为甲方学生提供综合实践、顶岗实习、实训安排的岗位，主要培养岗位为螺纹管精度检测，并指派相关人员作为企业师傅参与指导。同时向学生支付岗位薪资报酬。

5）根据企业发展需要和双向选择原则，择优录用甲方现代学徒制毕业生。

三、组织管理

1）成立由双方组成的6~8人的学徒制专业建设指导委员会。

2）专业指导委员会负责本协议的执行。

3）甲乙双方每年检查评估本协议的执行情况，总结合作经验，调整、完善合作方案。

4）甲乙双方协商设立校企合作学术论坛，交流合作经验、总结合作成果，用以互通信息、增进了解、扩大影响。

5）甲乙双方根据教学合作开展情况，在各类媒体上进行相关报道，扩大影响。

四、实施细则

协议的实施细则另行协商制定。

五、协议文本及有效期

本协议一式肆份，甲乙双方各执贰份，具有同等法律效力。

本协议自双方授权代表共同签字盖章之日起生效，协议有效期为三年，如需延长，在本协议到期前三个月双方进行协商。

（以下无正文）

甲方：包头职业技术学院　　　　　乙方：丰达石油装备股份有限公司

授权代表签字盖章（公章）：　　　授权代表签字盖章（公章）：

签署日期：　　　　　　　　　　　签署日期：

附件1.3

机械产品检测检验技术专业
现代学徒制培养模式校企合作协议书

甲方：包头职业技术学院

乙方：天津立中集团包头盛泰汽车零部件制造有限公司

为贯彻党和国家的科教兴国方针，推动我国高等职业技术教育的发展，在高职教育中积极探索依托企业办学的现代学徒制人才培养模式，经甲乙双方友好协商，现就机械产品检测检验技术专业进行现代学徒制培养模式改革与实践，共同培养能适应社会需要、素质高、技能强的技术技能型高级职业人才，达成如下协议：

一、甲方职责

1）聘任乙方推荐的专家为专业指导委员会委员，共同制定适应社会需求的现代学徒制人才培养方案，进行专业课程体系与专业教材的开发。

2）聘任乙方推荐的高级技术人员、管理人员为兼职教师，直接参与甲方教学与实习指导工作。

3）协助乙方开展员工培训，提高员工业务素质，提供相关教学服务。

4）安排甲方有经验的专业教师承担或参与乙方科研工作，向乙方提供相关技术信息、咨询等服务。

5）优先推荐优秀现代学徒制毕业生到乙方实习、就业。

二、乙方职责

1）推荐专家加入专业建设指导委员会，与甲方共同制定现代学徒制人才培养方案，进行专业建设和教材开发。

2）推荐符合要求的技术人员、管理人员作为甲方的兼职教师和师傅，并支持他们参与甲方授课、指导实训、编写教材等教学活动。

3）经甲方聘请，乙方推荐经营、生产技术、科研、管理人员到甲方做学术报告；向甲方提供相关技术信息、咨询等服务。

4）为甲方学生提供综合实践、顶岗实习、实训安排的岗位，主要培养岗位为汽车轮毂精度检测，并指派相关人员作为企业师傅参与指导。同时向学生支付岗位薪资报酬。

5）根据企业发展需要和双向选择原则，择优录用甲方现代学徒制毕业生。

三、组织管理

1）成立由双方组成的 6~8 人的现代学徒制专业建设指导委员会。

2）专业建设指导委员会负责本协议的执行。

3）甲乙双方每年检查评估本协议的执行情况，总结合作经验，调整、完善合作方案。

4）甲乙双方协商设立校企合作学术论坛，交流合作经验、总结合作成果，用以互通信息、增进了解、扩大影响。

5）甲乙双方根据教学合作开展情况，在各类媒体上进行相关报道，扩大影响。

四、实施细则

协议的实施细则另行协商制定。

五、协议文本及有效期

本协议一式肆份，甲乙双方各执贰份，具有同等法律效力。

本协议自双方授权代表共同签字盖章之日起生效，协议有效期为三年。如需延长，在本协议到期前三个月双方进行协商。

（以下无正文）

甲方：包头职业技术学院　　　　乙方：天津立中集团包头盛泰汽车零部件制造有限公司

授权代表签字盖章（公章）：　　授权代表签字盖章（公章）：

签署日期：　　　　　　　　　　签署日期：

附件1.4

机械产品检测检验技术专业现代学徒制试点人才培养成本分担办法

为贯彻落实《教育部关于开展现代学徒制试点工作的意见》（教职成〔2014〕9 号）以及《教育部办公厅关于做好 2017 年度现代学徒制试点工作的通知》（教职成厅函〔2017〕17 号）等文件精神，切实推进机械产品检测检验技术专业现代学徒制试点工作，以教育部《现代学徒制试点工作实施方案》中明确提出的"探索人才培养成本分担机制，统筹利用好校内实训场所、公共实训中心和企业实习岗位等教学资源，形成企业与职业院校联合开展现代学徒制的长效机制"为出发点，通过探索，初步构建机械产品检测检验技术专业现代学徒制人才成本分担机制。

一、指导思想

现代学徒制跨越职业与教育、学校与企业、工作与学习的界域，是典型的跨界教育制度，涉及多个受益主体。根据相关理论，构建现代学徒制成本分担机制既要考虑各个主体的受益，又要考虑其承担成本的能力，同时又要兼顾企业成本-收益的平衡，鼓励企业参与现代学徒制人才培养，因此，需要建立起多元化、多渠道、利益共享的成本分担机制。

二、构建原则

根据高等教育成本分担理论，按照谁受益谁支付的原则，因政府、学校、企业和学生（学徒）是现代学徒制最大的受益主体，四者应是现代学徒制成本分担的主要主体。

现代学徒制是一种因社会经济发展需要由政府推动的自上而下的发展模式，政府推动成为现代学徒制的重要力量。在政府、学校、企业和学生（学徒）这些主要受益主体中，政府应成为成本的主要分担者。

三、成本分担主体各自承担的成本项目

在现代学徒制受益者中，政府、学校、企业与学生（学徒）是最主要的，继而成为人才培养成本的主要分担主体。四方主体各自承担的成本如下：

（一）政府承担的成本

政府负责承担的成本包括对教育机构的财政资助、奖学金、学生贷款、生活津贴以及对企业的财政补贴、税收减免等。

（二）学校承担的成本

学校负责承担学生的入学招聘以及校内外管理的成本，校内实习实训基地建设的成本，教师培养成本与师资成本，机械产品检测检验技术专业人才培养方案的制定、课程体系开发、教材的编写、课程标准的制定、理论与实践课程教学实施各个环节中的人力物力成本等。

（三）企业承担的成本

1. 学生（学徒）工资与实习保险

学生（学徒）顶岗实习期间的劳动报酬具体包括常规工资、非常规工资（如伙食补贴、交通及住宿费用等）以及实习期间为学生（学徒）缴纳的保险费用。

2. 培养成本

企业负责承担招聘和管理学徒的成本，为学徒提供实习实训的场所以及设备成本，企业导师培养成本与师资成本，与学校协同制定人才培养方案、开发课程以及共建实训基地的人力物力成本，企业为培训学生（学徒）支出的全职、兼职及考核培训的成本等。

（四）学生（学徒）承担的成本

学生（学徒）负责承担的成本主要包括学费，校内住宿费用，购买学习材料与设备（如书籍、学习软件、光盘、计算机等）成本费用。

四、成本分担机制的完善

目前，我国现代学徒制处于试点阶段，人才培养成本分担机制的构建需要结合现代学徒制运行的实际情况进行，并且要不断完善。构建现代学徒制成本分担机制未来还需要从以下几个方面进行深入探究。

（一）建立以政府为主导的成本分担机制

现代学徒制是一种教育制度，目前我国开展现代学徒制试点的经费来源主要是政府，以政府为主导的成本投入机制是现代学徒制成本分担最重要的形式。

（二）建立形式多样的企业成本补偿机制

首先，推进企业参与学徒培训税收减免政策，有效调动企业参与现代学徒制改革的积极性，教育部门、财政部门等需加强统筹协调，以法律条文的形式规定企业参与学徒培训的税

收减免政策，提高优惠政策的执行力度。

其次，实行企业参与学徒培训补贴和奖励制度，分摊企业学徒培训成本，需要制定与实行企业补贴和奖励制度。在试点单位中，能够分摊企业成本的主要是补贴和奖励经费，而补贴的额度视地方政府对现代学徒制的重视程度及财政实力而定，并没有明确的法律制度规定给企业补贴或奖励的额度，因此，需要以学徒培训成本为依据制定企业补贴和奖励制度。

（三）建立现代学徒制专用性人力资本培养成本机制

现代学徒制专用性人力资本培养成本是针对学徒培训而建立的专门性经费，包括了政府投入经费、学生学费、企业投资、社会捐赠等专门用于学徒培训的费用，可由政府统筹管理。根据现代学徒制运行过程及经费用途，可将专门性经费分为三类：第一类是公共经费，用于学徒在学校与企业开展的专业课程、职业学校的运行、职业资格的认证等基础性开支；第二类是校企共建经费，用于校企共建过程中，实习实训中心的开支和设备的损耗等；第三类是企业经费，用于学徒补贴和保险、企业师傅补贴以及企业的补贴和奖励费用等。应明确每一项经费的来源及政、校、企成本分担的职责：公共经费主要来源于财政及学生学费，其中财政经费确定各级财政的分担比例；校企共建经费主要来源于地方财政、企业资金和社会捐赠；企业经费来源于企业和财政补贴，以及学徒培训后所产生的直接经济效益。建立专门性经费有利于统筹管理可支配资金，提高资金使用效率，明确各责任主体的职责大小，形成政、校、企成本分担机制。

附件1.5

机械产品检测检验技术专业现代学徒制校企资源数据表

机械产品检测检验技术专业采取包头职业技术学院与内蒙古第一机械集团有限公司计量检测中心、丰达石油装备股份有限公司、天津立中集团包头盛泰汽车零部件制造有限公司深入合作的方式采用现代学徒制的全新人才培养模式，充分利用了机械产品检测检验技术专业现代学徒制建设平台，有效整合校企资源，实现资源共享、合作共赢。校企双方在本专业现代学徒制人才培养方面具备的设备资源与师资、技术人员配置资源可详见表1-3～表1-10。

表1-3 包头职业技术学院现代学徒制师资配置

序号	相关职称	人数	重要荣誉
1	教授	2	内蒙古自治区优秀教师、机械产品检测检验技术专业带头人
2	副教授	1	内蒙古自治区教坛新秀
3	讲师	2	专业骨干教师

表1-4 包头职业技术学院设备资源

序号	实训室名称	设备资源
1	公差检测实训室	外径千分尺、偏摆检测仪、机械式扭簧比较仪、内径百分表、表面粗糙度仪、量块、卡尺类量具等
2	精密测量实训室	立式光学计（4台）、R365全自动圆柱度仪（1台）、自准直仪（1台）、19JA型万能工具显微镜（2台）、大型工具显微镜（1台）、万能测长仪（1台）、投影仪（1台）、平面测高仪（1台）、三坐标测量机（1台）

表1-5　内蒙古第一机械集团有限公司计量检测中心现代学徒制技术人员配置

序号	相关职称	人数	相关资质
1	研究员级高级工程师	2	"计量检测体系合格证书"
2	高级工程师	24	"国家实验室认可证书"（中国合格评定国家认可委员会颁发）
3	工程师	31	"国防实验室认可证书"（国防科技工业实验室认可委员会颁发）
4	高级技师	4	"锅炉压力容器压力管道及特种设备检验许可证书"（国家质量监督检验检疫总局颁发）
5	技师	20	"产品检测计量认证证书"（内蒙古自治区质量技术监督局颁发）
6	技术能手	34	

表1-6　内蒙古第一机械集团有限公司计量检测中心设备资源

序号	部门名称		设备资源
1	几何量计量室	标准组	接触式干涉仪、1m测长机（1台）、立式光学计（2台）、万能测角仪、全自动圆柱度仪、表面粗糙度仪、平面等厚干涉仪（2台）、量块、卡尺类量具、外径千分尺等
2		万能组	量块、外径千分尺、内径百分表、去磁机以及表类检定仪、表面粗糙度仪、平面等厚干涉仪、立式光学计等
3		专用组	机械式比较仪、万能测齿仪、投影仪、万能工具显微镜、立式光学计、测长仪、直角尺检查仪、卧式光学计、齿轮测量仪、等机测量仪、电动量仪、立式光学计等
4		精测组	三坐标测量机（3台）、圆柱度仪（2台）、激光跟踪仪（1台）、激光干涉仪（2台）、电子扭矩/力校准仪（1台）以及关节臂测量机（1台）、齿轮测量中心（2台）等
5	理化检测室		CS-200碳硫测定仪（2台）、ONH836测定仪（1台）、JY Profile HR型辉光放电发射光谱仪（1台）、垂直发电等离子发射仪（2台）、电子天平（万分之一分度）、T6新世纪紫外可见分光光度计（1台）、波长射散型荧光光谱仪等

表1-7　天津立中集团包头盛泰汽车零部件制造有限公司现代学徒制技术人员配置

序号	相关职称	人数	重要荣誉
1	高级工程师	2	国家级评审员
2	工程师	3	
3	技师	4	

表1-8　天津立中集团包头盛泰汽车零部件制造有限公司设备资源

序号	部门名称	设备资源
1	质量检测部	外径千分尺、机械式扭簧比较仪、内径百分表、表面粗糙度仪、量块、卡尺类量具等立式光学计（4台）、R365全自动圆柱度仪、自准直仪（1台）、万能测长仪、投影仪（1台）、测高仪（1台）、三坐标测量机（1台）

表 1-9　丰达石油装备股份有限公司现代学徒制技术人员配置

序号	相 关 职 称	人数	相 关 资 质
1	高级工程师	2	
2	工程师	1	内蒙古自治区钻采精密装备工程研究中心
3	技师	2	

表 1-10　丰达石油装备股份有限公司设备资源

序号	实训室名称	设 备 资 源
1	质检部	直角尺检查仪、外径千分尺、偏摆检测仪、内径百分表、表面粗糙度仪、量块、卡尺类量具、激光跟踪仪、激光干涉仪、三坐标测量机（1台）

二、推进招生招工一体化

根据教育部现代学徒制相关文件规定，探索招生即招工、招工即招生等多种形式的企业选人与用人机制，并根据企业用人特点制定并完善学徒、企业、学校三方认可的用人合作协议，校企双方本着学徒、企业、学校"共同利益"的理念推进招生招工一体化，具体完成以下工作内容。

1. 校企协同制定并签署《机械产品检测检验技术专业现代学徒制招生招工联合培养协议书》

根据机械产品检测检验技术专业现代学徒制建设要求，校企双方协同制定招生招工方案来规范本专业招生招工工作的具体流程，详情见附件 1.6～1.8。

2. 学校、企业和学生（学徒）联合签署《机械产品检测检验技术专业现代学徒制三方协议书》

通过三方协议明确学徒的企业员工和职业院校学生双重身份，明确各方权益及学徒在岗培养的具体岗位、权益保障措施等内容。三方协议明确了学徒、企业、学校三方的职、权、利，详情见附件 1.9。

附件 1.6

机械产品检测检验技术专业现代学徒制
招生招工联合培养协议书

甲方：包头职业技术学院

乙方：内蒙古第一机械集团有限公司计量检测中心

为深化产教融合，完善校企协同育人机制，创新高素质技术技能人才培养模式，根据《国务院关于加快发展现代职业教育的决定》（国发〔2014〕19号）、《教育部关于开展现代学徒制试点工作的意见》（教职成〔2014〕9号）要求，按照"招生即招工、入校即入厂、校企联合培养"的思路，以提高学生技能水平为目标，探索建立校企"联合招生、联合培养"的双主体育人协同机制。

一、现代学徒制概述

现代学徒制是传统学徒培训与现代职业教育相结合，以"招工即招生、企校双师联合培养"为主要内容的校企联合人才培养机制,是产教融合的基本制度载体和有效实现形式。在现代学徒制人才培养机制中,学徒具有双重身份,他们既是学校的学生,也是企业的员工。

二、总体原则

本着"优势互补、资源共享、合作共赢、职责共担"的原则,深入贯彻落实全国职业教育工作会议精神,坚持服务发展、就业导向,在校企深度合作的基础上,以培养学生的职业精神和职业能力为核心,以建立校企联合招生招工为突破口,以建立稳定的企校"双师"联合传授知识与技能为关键,逐步建立现代学徒制的高技能人才培养机制,不断提高培训中心办学水平和机械产品检测检验技术专业高技能人才培养质量。

三、合作专业、形式及内容

合作专业:机械产品检测检验技术。

合作形式:"招生即招工、入校即入厂、校企联合培养"。

合作内容:

(1) 校企共同建立协同育人机制 具体包括校企共同构建协同育人框架协议,逐步建立校企人才培养成本分担机制,有效整合并完善校企教学资源。

(2) 校企推进招生招工一体化 校企共同探索招生即招工、招工即招生等多种形式的企业选人与用人机制,并根据企业用人特点制定并完善学徒、企业、学校三方认可的合作协议书。

(3) 完善人才培养制度与标准 校企协同完善人才培养制度与标准,通过分析职业岗位素质要求,构建课程体系、开发课程内容,通过互渗交互、在岗交互等培养模式使企业岗位技能培养与学历教育实现有机融合。校企协同制定课程标准,协同实施课程考核,协同组织人才培养质量评价,协同完成专业课程的开发。

(4) 建设校企互聘共用的师资队伍 校企共同建立双导师的岗前培养和达标上岗制度,不断深化校企双向挂职锻炼、校企协同技术研发、校企协同专业建设等方面的激励制度与考核奖惩制度。同时完善双导师的选拔、任用、考核、激励制度,校企协同建成一支"业务水平高、工作能力强"的双导师队伍。

(5) 建立体现现代学徒制特点的管理及保障制度 校企协同完成人才培养质量评价标准的制定与考核监督等任务,配套制定符合现代学徒制的相关管理制度。

四、项目实施

(一)成立领导小组

成立由学校领导、相关科室负责人及各专业负责人组成的"现代学徒制专项工作领导小组",全面指导协调现代学徒制开展的各项工作。

组　　长:吴群

副组长:王靖东、杨建军

组　　员:孙友群、王慧、秦晋丽、李现友、韩丽华、张伟、赵焕娣、孙慧、郭天臻

(二)具体工作

1. 招生即招工

1)学校联合合作企业,依据校企双方实际情况与需求,制定校企联合招工招生方案,并签订《校企联合培养框架协议书》。

2)做好招生招工宣传相关工作,由学校主要负责生源招聘工作,企业进行协助。学校负责教学方面的宣传(包含但不限于专业优势、师资力量、办学条件、学籍管理等),企业

负责企业方面的宣传（包含但不限于企业文化、企业发展史、学徒制企业推进介绍、岗位介绍、企业工作环境及福利条件）。

3）新生报到后的两周内，在合作企业对口专业中展开现代学徒制报名工作，内蒙古第一机械集团有限公司计量检测中心与包头职业技术学院机械产品检测检验技术专业为对口衔接，学生及学生家长在知晓现代学徒制的相关规定的前提下进行报名。

4）学校联合企业进行面试筛选，根据企业的用人情况确定编班人数。录取分为面试和笔试，笔试按照入学成绩，面试按照百分制进行，面试和笔试成绩按照5:5核算，按照从高到低依次排序录取，如果成绩相同，以面试成绩高者优先录取；录取人员体检合格后，下发录取通知书，建立台账。

5）录取后的学生单独组成内蒙古第一机械集团有限公司计量检测中心"现代学徒制"班级，并且由学校、企业、学生及学生家长（监护人）签订《机械产品检测检验技术专业现代学徒制三方协议书》。

6）"现代学徒制"班级学生拥有双身份，既是学校的在籍学生又是企业的准员工，由学校和企业共同进行管理和培养，享受企业准员工待遇。

2. 毕业与就业

1）学徒经学校与企业考核合格后颁发毕业证书和技能等级证书，并与企业签订劳动合同。

2）学徒毕业后，与公司签约的享受公司规定的薪资福利保障。

3）学徒毕业后，与公司签约的直接进入公司基层管理、技术后备，作为公司的骨干人才进行培养和储备。

（以下无正文）

甲方：   乙方：

授权代表签字盖章（公章）：   授权代表签字盖章（公章）：

签署日期：   年   月   日   签署日期：   年   月   日

附件1.7

机械产品检测检验技术专业现代学徒制
招生招工联合培养协议书

甲方：包头职业技术学院

乙方：天津立中集团包头盛泰汽车零部件制造有限公司

为深化产教融合，完善校企协同育人机制，创新高素质技术技能人才培养模式，根据《国务院关于加快发展现代职业教育的决定》（国发〔2014〕19号）、《教育部关于开展现代学徒制试点工作的意见》（教职成〔2014〕9号）要求，按照"招生即招工、入校即入厂、校企联合培养"的思路，以提高学生技能水平为目标，探索建立校企"联合招生、联合培养"的双主体育人协同机制。

一、现代学徒制概述

现代学徒制是传统学徒培训与现代职业教育相结合，以"招工即招生、入企即入校、企校双师联合培养"为主要内容的校企联合人才培养机制，是产教融合的基本制度载体和有效实现形式。在现代学徒制人才培养机制中，学徒具有双重身份，他们既是学校的学生，也是企业的员工。

二、总体原则

本着"优势互补、资源共享、合作共赢、职责共担"的原则，深入贯彻落实全国职业教育工作会议精神，坚持服务发展、就业导向，在校企深度合作的基础上，以培养学生的职业精神和职业能力为核心，以建立校企联合招生招工为突破口，以建立稳定的企校"双师"联合传授知识与技能为关键，逐步建立现代学徒制的高技能人才培养机制，不断提高培训中心办学水平和机械产品检测检验技术专业高技能人才培养质量。

三、合作专业、形式及内容

合作专业：机械产品检测检验技术。

合作形式："招生即招工、入校即入厂、校企联合培养"。

合作内容：

（1）校企共同建立协同育人机制　具体包括校企共同构建协同育人框架协议，逐步建立校企人才培养成本分担机制，有效整合并完善校企教学资源。

（2）校企推进招生招工一体化　校企共同探索招生即招工、招工即招生等多种形式的企业选人与用人机制，并根据企业用人特点制定并完善学徒、企业、学校三方认可的合作协议书。

（3）完善人才培养制度与标准　校企协同完善人才培养制度与标准，通过分析职业岗位素质要求，构建课程体系、开发课程内容，通过互渗交互、在岗交互等培养模式使企业岗位技能培养与学历教育实现有机融合。校企协同制定课程标准，协同实施课程考核，协同组织人才培养质量评价，协同完成专业课程的开发。

（4）建设校企互聘共用的师资队伍　校企共同建立双导师的岗前培养和达标上岗制度，不断深化校企双向挂职锻炼、校企协同技术研发、校企协同专业建设等方面的激励制度与考核奖惩制度。同时完善双导师的选拔、任用、考核、激励制度，校企协同建成一支"业务水平高、工作能力强"的双导师队伍。

（5）建立体现现代学徒制特点的管理及保障制度　校企协同完成人才培养质量评价标准的制定与考核监督等任务，配套制定符合现代学徒制的相关管理制度。

四、项目实施

（一）成立领导小组

成立由学校领导、相关科室负责人及各专业负责人组成的"现代学徒制专项工作领导小组"，全面指导协调现代学徒制开展的各项工作。

组　长：吴群

副组长：王靖东、刘润海

组　员：韩丽华、王慧、秦晋丽、李现友、孙慧、郭天臻

（二）具体工作

1. 招生即招工

1）学校联合合作企业，依据校企双方实际情况与需求，制定校企联合招工招生方案，

并签订《校企联合培养框架协议书》。

2）做好招生招工宣传相关工作，由学校主要负责生源招聘工作，企业进行协助。学校负责教学方面的宣传（包含但不限于专业优势、师资力量、办学条件、学籍管理等），企业负责企业方面的宣传（包含但不限于企业文化、企业发展史、学徒制企业推进介绍、岗位介绍、企业工作环境及福利条件）。

3）新生报到后的两周内，在合作企业对口专业中展开现代学徒制报名工作，包头盛泰汽车零部件制造有限公司与包头职业技术学院机械产品检测检验技术专业为对口衔接，学生及学生家长在知晓现代学徒制的相关规定的前提下进行报名。

4）学校联合企业进行面试筛选，根据企业的用人情况确定编班人数。录取分为面试和笔试，笔试按照入学成绩，面试按照百分制进行，面试和笔试成绩按照5:5核算，按照从高到低依次排序录取，如果成绩相同，以面试成绩高者优先录取；录取人员体检合格后，下发录取通知书，建立台账。

5）录取后的学生单独组成包头盛泰汽车零部件制造有限公司"现代学徒制"班级，并且由学校、企业、学生及学生家长（监护人）签订《机械产品检测检验技术专业现代学徒制三方协议书》。

6）"现代学徒制"班级学生拥有双身份，既是学校的在籍学生又是企业的准员工，由学校和企业共同进行管理和培养，享受企业准员工待遇。

2. 毕业与就业

1）学徒经学校与企业考核合格后颁发毕业证书和技能等级证书，并与企业签订劳动合同。

2）学徒毕业后，与公司签约的享受公司规定的薪资福利保障。

3）学徒毕业后，与公司签约的直接进入公司基层管理、技术后备，作为公司的骨干人才进行培养和储备。

（以下无正文）

甲方：   乙方：

授权代表签字盖章（公章）：   授权代表签字盖章（公章）：

签署日期：   年 月 日   签署日期：   年 月 日

附件1.8

机械产品检测检验技术专业现代学徒制
招生招工联合培养协议书

甲方：包头职业技术学院

乙方：丰达石油装备股份有限公司

为深化产教融合，完善校企协同育人机制，创新高素质技术技能人才培养模式，根据

《国务院关于加快发展现代职业教育的决定》（国发〔2014〕19号）、《教育部关于开展现代学徒制试点工作的意见》（教职成〔2014〕9号）要求，按照"招生即招工、入校即入厂、校企联合培养"的思路，以提高学生技能水平为目标，探索建立校企"联合招生、联合培养"的双主体育人协同机制。

一、现代学徒制概述

现代学徒制是传统学徒培训与现代职业教育相结合，以"招工即招生、企校双师联合培养"为主要内容的校企联合人才培养机制，是产教融合的基本制度载体和有效实现形式。在现代学徒制人才培养机制中，学徒具有双重身份，他们既是学校的学生，也是企业的员工。

二、总体原则

本着"优势互补、资源共享、合作共赢、职责共担"的原则，深入贯彻落实全国职业教育工作会议精神，坚持服务发展、就业导向，在校企深度合作的基础上，以培养学生的职业精神和职业能力为核心，以建立校企联合招生招工为突破口，以建立稳定的企校"双师"联合传授知识与技能为关键，逐步建立现代学徒制的高技能人才培养机制，不断提高培训中心办学水平和机械产品检测检验技术专业高技能人才培养质量。

三、合作专业、形式及内容

合作专业：机械产品检测检验技术。

合作形式："招生即招工、入校即入厂、校企联合培养"。

合作内容：

（1）校企共同建立协同育人机制　具体包括校企共同构建协同育人框架协议，逐步建立校企人才培养成本分担机制，有效整合并完善校企教学资源。

（2）校企推进招生招工一体化　校企共同探索招生即招工、招工即招生等多种形式的企业选人与用人机制，并根据企业用人特点制定并完善学徒、企业、学校三方认可的合作协议书。

（3）完善人才培养制度与标准　校企协同完善人才培养制度与标准，通过分析职业岗位素质要求，构建课程体系、开发课程内容，通过互渗交互、在岗交互等培养模式使企业岗位技能培养与学历教育实现有机融合。校企协同制定课程标准，协同实施课程考核，协同组织人才培养质量评价，协同完成专业课程的开发。

（4）建设校企互聘共用的师资队伍　校企共同建立双导师的岗前培养和达标上岗制度，不断深化校企双向挂职锻炼、校企协同技术研发、校企协同专业建设等方面的激励制度与考核奖惩制度。同时完善双导师的选拔、任用、考核、激励制度，校企协同建成一支"业务水平高、工作能力强"的双导师队伍。

（5）建立体现现代学徒制特点的管理及保障制度　校企协同完成人才培养质量评价标准的制定与考核监督等任务，配套制定符合现代学徒制的相关管理制度。

四、项目实施

（一）成立领导小组

成立由学校领导、相关科室负责人及各专业负责人组成的"现代学徒制专项工作领导小组"，全面指导协调现代学徒制开展的各项工作。

组　长：吴群

副组长：王靖东、王峰

组　员：韩丽华、王慧、李现友、王建国、孙慧、郭天臻

（二）具体工作

1. 招生即招工

1）学校联合合作企业，依据校企双方实际情况与需求，制定校企联合招工招生方案，并签订《校企联合培养框架协议书》。

2）做好招生招工宣传相关工作，由学校主要负责生源招聘工作，企业进行协助。学校负责教学方面的宣传（包含但不限于专业优势、师资力量、办学条件、学籍管理等），企业负责企业方面的宣传（包含但不限于企业文化、企业发展史、学徒制企业推进介绍、岗位介绍、企业工作环境及福利条件）。

3）新生报到后的两周内，在合作企业对口专业中展开现代学徒制报名工作，丰达石油装备股份有限公司与包头职业技术学院机械产品检测检验技术专业为对口衔接，学生及学生家长在知晓现代学徒制的相关规定的前提下进行报名。

4）学校联合企业进行面试筛选，根据企业的用人情况确定编班人数。录取分为面试和笔试，笔试按照入学成绩，面试按照百分制进行，面试和笔试成绩按照5:5核算，按照从高到低依次排序录取，如果成绩相同，以面试成绩高者优先录取；录取人员体检合格后，下发录取通知书，建立台账。

5）录取后的学生单独组成丰达石油装备股份有限公司"现代学徒制"班级，并且由学校、企业、学生及学生家长（监护人）签订《机械产品检测检验技术专业现代学徒制三方协议书》。

6）"现代学徒制"班级学生拥有双身份，既是学校的在籍学生又是企业的准员工，由学校和企业共同进行管理和培养，享受企业准员工待遇。

2. 毕业与就业

1）学徒经学校与企业考核合格后颁发毕业证书和技能等级证书，并与企业签订劳动合同。

2）学徒毕业后，与公司签约的享受公司规定的薪资福利保障。

3）学徒毕业后，与公司签约的直接进入公司基层管理、技术后备，作为公司的骨干人才进行培养和储备。

（以下无正文）

甲方：　　　　　　　　　　　　　　　　乙方：

授权代表签字盖章（公章）：　　　　　　授权代表签字盖章（公章）：

签署日期：　　年　月　日　　　　　　　签署日期：　　年　月　日

附件1.9

协议编号：_____

机械产品检测检验技术专业
现代学徒制三方协议书

甲方（学校）：_____

地　　址：_____

法定代表人：_____

项目联系人：_____

联系电话：_____

电子邮箱：_____

乙方（企业）：_____

地　　址：_____

法定代表人：_____

项目联系人：_____

联系电话：_____

电子邮箱：_____

丙方（学生/学生家长）：_____

地　　址：_____

身份证号：_____

法定监护人：_____

联系电话：_____

电子邮箱：_____

培养岗位：_____

　　为深化产教融合，完善校企协同育人机制，创新高素质技术技能人才培养模式，根据《国务院关于加快发展现代职业教育的决定》（国发〔2014〕19号）、《教育部关于开展现代学徒制试点工作的意见》（教职成〔2014〕9号）以及《教育部办公厅关于做好2017年度现代学徒制试点工作的通知》（教职成厅函〔2017〕17号）等相关文件要求，按照"招生即招工、入校即入厂、校企联合培养"的思路，以提高学生技能水平为目标，探索建立校企联合招生、联合培养的双主体育人协同机制，本着"合作共赢、职责共担"的原则，经甲乙丙三方协商一致，达成如下协议：

　　一、合作原则

　　本着"优势互补、资源共享、合作共赢、职责共担"的原则，甲乙双方建立"产教融合、校企合作、工学结合"的长期、紧密的合作关系。

　　二、合作专业、形式及内容

　　合作专业：机械产品检测检验技术。

　　合作形式："招生即招工、入校即入厂、校企联合培养"。

合作内容：

（1）校企共同建立协同育人机制 具体包括校企共同构建协同育人框架协议，逐步建立校企人才培养成本分担机制，有效整合并完善校企教学资源。

（2）校企推进招生招工一体化 校企共同探索招生即招工、招工即招生等多种形式的企业选人与用人机制，并根据企业用人特点制定并完善学徒、企业、学校三方认可的合作协议书。

（3）完善人才培养制度与标准 校企协同完善人才培养制度与标准，通过分析职业岗位素质要求，构建课程体系、开发课程内容，通过互渗交互、在岗交互等培养模式使企业岗位技能培养与学历教育达到有机融合，校企协同制定课程标准，协同实施课程考核，协同组织人才培养质量评价，协同完成专业课程的开发。

（4）建设校企互聘共用的师资队伍 校企共同建立双导师的岗前培养和达标上岗制度，不断深化校企双向挂职锻炼、校企协同技术研发、校企协同专业建设等方面的激励制度与考核奖惩制度。同时完善双导师的选拔、任用、考核、激励制度，校企协同建成一支"业务水平高、工作能力强"的双导师队伍。

（5）建立体现现代学徒制特点的管理及保障制度 校企协同完成人才培养质量评价标准的制定与考核监督等任务，配套制定符合现代学徒制的相关管理制度。

三、三方的权利与义务

（一）甲方的权利与义务

1）按照企业需求设置专业，使培养的人才适应市场需求；与乙方合作，共同开发与实施专业人才培养方案，即共同确定培养目标、制定教学计划、调整课程设置、承担教学任务和保证实践教学的实施。

2）负责现代学徒制学生在校的日常管理；监督教学实施过程，及时沟通并反馈教学效果。

3）与乙方共同制定具有现代学徒制特点的管理办法、校企双方的岗位职责、技能课程教学质量监控办法、学徒技能考核与管理等相关制度职责，并对乙方组织实施情况进行不定期抽检。

4）根据学校人才培养方案和企业技能培养方案，确定实习项目、时间、内容、人数和要求，与乙方共同制定具体实施计划和安排。

5）实习期间，甲方委派专业教师进行全程管理和实习指导，督促、检查学徒制学生的实习工作，做好学徒制学生的职业道德教育工作，负责协调、处理学徒制学生在实习期间的相关事宜及出现的安全问题，确保实习效果并协助乙方教育实习学徒制学生遵守乙方的各项规章制度，维护企业形象。甲方应按乙方实际生产安排随时调节学生实际跟岗时间。

6）积极为乙方输送优秀学徒制学生和其他专业应届毕业生，并负责提供就业服务、就业跟踪调查及再培训工作。

7）根据乙方的实际情况和要求，积极委派专业教师提供信息服务、技术援助和项目合作研究。

8）为乙方职工的继续教育、业务培训、职称（评定）考试等提供支持与方便。

9）承担实习学徒制学生人身意外保险费用、学生实习往返交通费用和乙方培养费用。

10）尊重乙方的知识产权与企业文化，保守乙方的商业秘密。

（二）乙方的权利与义务

1）协助甲方开展招生宣传及招生工作，积极组织具有高中、中职学历的企业员工报考学徒制合作专业。

2）与甲方协同制定并签订现代学徒制学徒、企业、学校的三方协议书。

3）与甲方共同制定学徒制人才培养方案，协助学校做好学徒制学生的管理、专业介绍、企业和专业认知、专业基本技能培训等工作。根据乙方生产任务情况，如果需要调整实习项目、实习时间、实习内容等，则需要与甲方共同制定具体实施计划和安排。

4）选派师傅（技术能手）管理团队、组织技能课程的教学，与甲方共同组织对学徒制学生专业技能的考核或评估，科学评定学徒制学生的专业技能成绩。

5）学徒制学生跟岗、轮岗实习后，经过甲乙方考核，依据乙方实际生产需求，双向选择，确定进入顶岗实习岗位学生人选。

6）学徒制学生顶岗实习开始（大三）即可享受公司在职员工试用期薪酬待遇。待正式毕业后，根据乙方实际用人需求，经过甲乙双方考核，直接入职免试用期。

7）配合完成学校要求的选修课、顶岗实习和毕业综合技能训练及答辩工作，做好学生在企业就业的跟踪服务工作，定期通报学校。

8）乙方负责学徒实习期的安全教育、生活和纪律管理，以及职业素质的培养。为学徒的交通提供便利条件。乙方有权将不服从管理的学生退回学校，并不再提供后续培养机会。

9）乙方负责按照相关规定选定乙方具有资质的师傅，并把相关资料提供给甲方备案。

10）在进行现场指导教学时，师傅每次带教的学徒人数原则上不得超过3人。

11）为甲方"双师型"师资培养提供便利条件，积极参与甲方的专业建设工作。甲方定期选派教师或业务骨干到乙方进行企业实践和参与乙方科研项目开发、技术援助和学术研讨等工作，科研产权归双方共同所有，并对双方成果进行推广。

（三）丙方的权利与义务

1）丙方应严格按照甲乙双方制定的人才培养方案，认真学习，掌握相关的技术技能；在实习期间认真做好岗位的本职工作，培养独立工作能力，刻苦锻炼和提高自己的业务技能，在顶岗实习的实践中努力完成学习任务。

2）丙方在学校学习期间，如因无法适应现代学徒制项目，提出转专业申请或退学申请，须经甲乙双方协商同意后方可转专业或退学。

3）丙方在校学习期间应服从甲乙双方的共同教育和管理。自觉遵守甲方制定的各项校园管理规定及各项教学安排；丙方在乙方公司实践教学期间，须遵守乙方依法制定的各项管理规定，严格保守乙方的商业秘密。

4）遵守学校学生顶岗实习的相应管理规定和要求，与校内指导教师保持联系，按照顶岗实习的教学要求做好实习日志的填写、实习报告的撰写等相关工作，并接受实习单位和学校的考核。

5）丙方根据甲乙双方制定的考核标准参加考核，考核成绩与甲方组织的理论考试拥有同等效力，并归档作为后期选优参考。

6）丙方在规定年限内，修完人才培养方案规定内容，达到毕业要求，准予毕业，由学校颁发给丙方入学专业的毕业证书。

7）在学习期间，丙方如有以下行为，甲乙双方协商达成共识后有权将丙方劝退，由此产生的后果由丙方自行承担。

① 在实践期间违反国家法律法规；

② 不服从甲乙双方共同制定的教学安排；

③ 严重违反甲方学生管理制度或乙方相关管理规定、劳动纪律。

8）丙方在乙方实习期间的薪资，由甲乙丙三方根据丙方在乙方实习期间所在岗位另行签订协议，丙方实习薪资协议应充分考虑其学徒身份，保障其基本生活。

9）家长配合学校做好学生的思想工作，帮助他们消除顾虑，积极引导并支持孩子到企业进行实践。

10）在签订本协议时，丙方应该将此情况如实向家长汇报并征得家长同意，未满18周岁学生还需要提交监护人签字的知情同意书。

四、协议有效期限

本协议约定的有效期限为：____年____月____日至____年____月____日。

五、声明和保证

1）甲乙双方保证丙方在学徒三年学习期满且岗位技能全部过关后，将其从学徒转为准员工。

2）甲乙双方保证实现校企技术力量、实训设备、实训场地等资源共享。

3）甲乙双方保证丙方在实习实训中受到《包头职业技术学院学生实习管理规定》《劳动法》《劳动合同法》的保护。

4）校企双方共同组织岗位技能、职业资格证书考核。毕业时，学徒应取得中级或高级资格证书或达到行业同等水平。

5）校企合作共建校内实训基地，半工半读，实现互联网＋实时师徒互动。

6）甲乙双方保证在试点期间，制定弹性学制和学分制实施方案，实施弹性学制和学分制；丙方所有学习内容均由可量化为学分的模块化课程体系和岗位技能训练项目组成。

六、保密条款

在甲乙丙三方合作关系存续期间，必须对有关的保密信息（包括但不限于在此期间接触或了解到的商业秘密及其他机密资料和信息）进行保密，尤其是要对乙方的经营管理和知识产权类信息进行保密；非经其余两方书面同意，任何一方不得向任何第四方泄露、给予或转让该等保密信息。

1）保密内容：本合同约定内容。

2）涉密人员范围：机械产品检测检验技术专业现代学徒制试点相关人员。

3）泄密责任：保密方有权向泄密方所在地人民法院提出诉讼。

4）保密条款具有独立性，不受本合同的终止或解除的影响。

七、违约责任

1）任何一方没有充分、及时履行义务的，应当承担违约责任；给守约方造成经济和权利损失的，违约方应赔偿守约方由此所遭受的直接和间接经济损失。

2）由于一方的过错，造成本协议及其附件不能履行或不能完全履行时，由过错的一方承担责任；如属三方的过失，则根据实际情况，由三方分别承担各自应负的责任。

3）如因不可抗力导致某一方无法履行协议义务时，则该方不承担违约责任，亦不对另外两方因上述不履行而导致的任何损失或损坏承担责任。

4）如违反本协议约定，则违约方应按照《中华人民共和国合同法》有关规定承担违约责任。

八、争议处理

1）本协议受中华人民共和国相关法律法规的约束。当对本协议的解释、执行或终止产生任何异议时，由三方本着友好协商的原则解决。

2）如果三方通过协商不能达成一致意见，三方任何一方有权提交仲裁委员会进行仲裁或依法向甲方所在地人民法院提出诉讼。

3）除判决书另有规定外，仲裁、诉讼费用及律师代理费用由败诉方承担。

九、协议变更与终止

1）本协议一经生效即受法律保护，任何一方不得擅自修改、变更和补充。本协议的任何修改、变更和补充均需经三方协商一致，达成书面协议。

2）本协议在下列情形下终止：

① 合作协议期满；

② 甲乙丙三方通过书面协议解除本协议；

③ 因不可抗力致使协议目的不能实现；

④ 在委托期限届满之前，当事人一方明确表示或以自己的行为表明不履行协议主要义务；

⑤ 当事人一方迟延履行协议主要义务，经催告后在合理期限内仍未履行；

⑥ 当事人有其他违约或违法行为致使协议目的不能实现。

3）因协议期限届满以外的其他原因而造成协议提前终止时，甲乙丙三方均应提前（时间）书面通知其他两方。

十、补充与附件

1）本协议未尽事宜由三方另行及时协商解决，补充协议或条款作为本协议一部分，与本协议具有同等法律效力。

2）如果本协议中的任何条款无论因何种原因完全或部分无效或不具有执行力，或违反任何适用的法律，则该条款被视为删除，但本协议的其余条款仍应有效并且具有约束力。

十一、其他

1）本协议一式三份，由甲乙丙三方各执一份，经三方合法授权代表签署后生效。

2）本协议生效后，对甲乙丙三方都具有同等法律约束。

甲方：　　　　　　　　乙方：　　　　　　　　丙方：

授权代表签字盖章（公章）：授权代表签字盖章（公章）：学生/法定监护人签字：

签署日期：　年　月　日　签署日期：　年　月　日　签署日期：　年　月　日

三、完善人才培养制度和标准

校企双方应该根据技术技能人才成长规律以及合作单位计量检测岗位标准要求，完善人才培养制度和标准，具体取得以下工作成果：

1. 校企协同制定专业教学标准与岗位标准

根据三家合作单位几何量计量岗位的用人需求确定本专业毕业生的主要职业领域和就业岗位（群）并制定本专业岗位标准与专业教学标准。专业岗位标准与专业教学标准是制定课程体系、开发人才培养方案以及制定课程标准的重要的纲领性指导文件，具体详情见参见附件1.10和1.11。

2. 校企协同制定完成本专业人才培养方案（校企两个版本）

本专业现代学徒制建设主要以三家合作单位用人需求与岗位标准为人才培养目标，协同开发专业课程体系，同时将兵工精神的弘扬与培育融入人才培养的全过程，以学生（学徒）的技能培养为核心，同时注重企业兵工文化内涵的培育，形成具有兵工文化特色的人才培养方案，具体详情可参见附件1.12~1.14。

3. 校企协同制定完成本专业15门专业课程的课程标准

3家合作单位协同制定完成15门专业课程的课程标准，其中5门课为企业课程。课程考核采用双导师考核方式，注重职业技能与职业精神的培育，全力保障专业课程的组织与实施，具体详情可参见附件1.15。

附件1.10

"机械产品检测检验技术"专业现代学徒制专业教学标准

前言

机械产品检测检验技术专业现代学徒制专业教学标准主要用于明确本专业人才培养目标和培养规格、专业教学的组织实施、教学环节的管理规范、课程设置与学时安排、教学资源开发等重要内容。该专业教学标准是指导和管理本专业现代学徒制人才培养工作的重要依据，是保证教育教学质量和人才培养规格的基础性教学文件。

一、专业名称（专业代码）

机械产品检测检验技术（560111）

二、入学要求

普通高级中学毕业、中等职业学校毕业或具备同等学力企业员工。

三、基本学制与学历

基本学制：三年

获得学历：大专

四、职业范围

机械产品检测检验技术专业现代学徒制人才培养模式所面向的职业范围见表1-11。

表 1-11　职业范围

所属专业大类（代码）	所属专业类（代码）	对应行业（代码）	主要职类别（代码）	主要岗位类别（或技术领域）举例	职业资格或职业技能等级证书举例
装备制造大类（56）	机械设计与制造（5601）	通用设备制造业（34）专用设备制造业（35）仪器仪表制造业（40）	（1）标准化、计量、质量和认证认可工程技术人员（2-02-29）（2）检验、检测与计量服务人员（4-08-05）（3）检验试验人员（6-31-03）	（1）长度计量工（2）几何量精密检测工（3）几何量计量技术工（4）螺纹管检测工（5）汽车轮毂综合性能检测工	（1）制图员（2）质量管理体系内部审核员

五、培养目标

本专业通过校企联合培养德、智、体、美全面发展，能践行社会主义核心价值观，具有一定的文化水平与良好的职业道德和人文素养；具备机械产品检测检验技术专业必需的基础理论知识；掌握各类计量器具的操作技能及检定技能；具备在机械产品加工过程中进行质量分析和控制能力，能在企事业单位从事质量管理与检测检验工作的高素质技术技能型人才。

六、培养方式

本专业主要与内蒙古第一机械集团有限公司计量检测中心、丰达石油装备股份有限公司、天津立中集团包头盛泰汽车零部件制造有限公司三家企业通过校企深入合作，以现代学徒制的全新模式进行人才培养。

在人才培养过程中，采用校企联合招生的方式，实现招生招工一体化；校企协同完善人才培养制度与标准，以专业设置与产业需求、课程内容与职业标准、教学过程与生产过程"三个对接"为原则，通过分析职业岗位素质要求，构建课程体系、开发课程内容，共同制定人才培养方案；实行岗位培养、一体化育人，学校承担系统的专业知识教学和基本技能训练，企业通过师傅带徒弟的方式进行岗位技能训练；教学任务及考核评价必须由学校教师和企业师傅共同承担，实行双导师制。

七、培养规格

本专业毕业生应在素质、知识和能力等方面达到以下要求：

（1）素质要求

1）具有正确的世界观、人生观、价值观。

2）政治立场坚定，拥护中国共产党的领导，认同中国特色社会主义，自觉践行社会主义核心价值观。

3）具有以爱国主义为核心的民族精神，崇尚宪法、遵守法律、遵规守纪，具有社会责任感。

4）具有良好的职业道德和职业素养，遵守、履行道德准则和行为规范，崇德向善、诚实守信、尊重劳动、爱岗敬业、知行合一。

5）具有精益求精的工匠精神，具有质量意识、环保意识、安全意识、创新意识和信息素养。

6）具有较强的集体意识和团队合作精神，能够理解企业战略和适应企业文化，保守企业机密。

7）具有良好的身心素质和人文素养，达到《国家学生体质健康标准》要求，具有健康的体魄、健全的心理和人格，养成良好的健身与卫生习惯。

8）具有良好的行为习惯和自我管理能力，对工作、学习、生活中出现的挫折和压力，能够进行心理调适和情绪管理；具有一定的审美和人文素养。

（2）知识要求

1）掌握必备的思想政治理论、科学文化知识。

2）熟悉与本专业相关的法律法规以及文明生产、环境保护、安全消防等知识。

3）掌握机械制图和计算机基本操作知识。

4）掌握机械制造基础、机械设计基础、工程材料及热处理、电工电子技术基础理论和基本知识。

5）掌握公差配合与测量技术、误差分析与数据处理的基础理论和基本知识。

6）掌握常用计量仪器与检测、计量仪器检定与调修等专业理论知识。

7）掌握现代三坐标检测技术的应用，熟悉其他现代检测技术及应用。

8）掌握工业计量管理与质量控制的基本流程和方法。

9）熟悉自动检测、无损检测等检测技术的基本原理与方法。

10）熟悉数控加工与编程、微控制器应用、液压与气动技术等的基本原理及方法。

11）熟悉现代机械加工技术。

12）了解最新发布的机械产品检测检验技术专业相关国家标准和国际标准。

（3）能力要求

1）具备使用信息技术有效地收集、分析、处理工作数据的能力。

2）具备有效的沟通交流能力，能够进行团队合作。

3）能够识读及绘制机械零件图和装配图。

4）具备基本的机械产品设计与制造的能力。

5）能够快速判断机械加工的方法并制定合适的检测手段。

6）能够对机械零部件的加工质量进行检测、分析和处理，并撰写检测报告。

7）能够对机械制造企业几何量计量器具进行检定与维修。

8）能够熟练使用现代测量设备对常用机械零件进行检测，并具备对计量器具进行维护与保养的能力。

9）能够对机械制造企业进行计量管理与质量控制。

10）能够进行几何量检定与校准、计量标准考核材料的编写。

11）能够运用自动检测、无损检测等新技术进行检测。

12）能够运用微控制器、液压与气动等技术对机械产品相关检测设备进行维护。

13）具备探究学习和终身学习的能力。

八、课程设置及学时安排

（一）课程设置

课程主要包括人文素质教育课程与专业类课程两大部分。

1. 人文素质教育课程

根据党和国家有关文件明确规定，将思想政治理论、中华优秀传统文化、体育、军事、大学生职业发展与就业指导、心理健康教育、信息技术等课程列入人文素质教育必修课程。人文素质教育课程包括思想道德修养与法律基础、毛泽东思想和中国特色社会主义理论体系概论、民族理论与民族政策、形势与政策教育、大学英语、体育与健康、高等数学、军事训练、军事理论、大学生健康教育、大学生职业发展与就业指导、大学生创新创业基础等课程。

2. 专业类课程

（1）专业大类基础课程（必修）　专业大类基础课程共设置7门，具体包括识图及手工绘图、钳工实习、电气工程基础、工程材料与热加工基础、公差配合与测量技术、冷加工实习、热加工实习课程。

（2）专业课程（必修）　专业课程主要包含机械技术应用基础、质量检测认识实习、计算机辅助绘图、误差理论与数据处理、通用量具使用实训、机械制造技术、企业生产实习、机械产品检验实训8门课程。

（3）专业核心课程（必修）　本专业核心课程主要开设"计量仪器与检测""机械加工质量控制与检测""量仪检定与调修技术""几何量计量""测量技术实训"5门课程。专业核心课程名称和主要教学内容见表1-12。

（4）专业拓展课程（限选）　本专业拓展课程主要分为3大模块，学生可任选其一进行学习：

模块1：机械产品质量控制与检验方向。

模块1主要包含"三坐标检测技术""机械CAD/CAM"、"机械产品质量检验""计量技术基础"。

模块2：现代检测技术应用方向。

模块2主要包含"现代测量技术""先进制造技术""无损检测与理化检验""ISO9000质量管理体系""精密检测岗位实习"。

模块3：现代质量控制与管理。

模块3主要包含"质量管理信息系统（SPC）""现代质量管理""工业企业生产管理"。

表1-12　专业核心课程典型工作任务与职业能力

序号	专业核心课名称	典型工作任务	对接职业能力
1	计量仪器与检测	（1）零件长度、形状和位置，表面粗糙度，角度精度的检测方法与检测流程 （2）螺纹、圆柱齿轮等典型零件几何量精度的测量器具、测量原理与使用方法 （3）常用计量仪器的日常维护与保养	（1）能够熟练使用现代测量设备对常用机械零件进行检测 （2）能够根据零件的结构制定合适的检测手段 （3）具备对计量器具进行维护与保养的能力
2	机械加工质量控制与检测	（1）机械零件结构特征（如内径、外径、孔系、螺纹、曲面、齿形等）的检验方案设计、测量方法选择和加工质量控制 （2）各类毛坯件的检定并完成质量分析和改进措施报告	（1）能够对机械零部件的加工质量进行检测、分析和处理并撰写检测报告 （2）能够对机械制造企业进行计量管理与质量控制

（续）

序号	专业核心课名称	典型工作任务	对接职业能力
3	量仪检定与调修技术	（1）机械量仪、光学量仪及电动量仪的工作原理和组成结构 （2）常见计量器具检定与维修技术	能够对几何量计量器具进行检定与维修
4	几何量计量	（1）常用几何量的检定和校准 （2）常用几何量计量标准的考核准备 （3）计量标准主要考核材料的编写	（1）能够进行几何量检定与校准、计量标准考核材料的编写 （2）具备独立思考能力，具有崇尚科学的学习习惯和严格遵守几何量计量标准及求真务实、踏实严谨的职业习惯
5	测量技术实训	（1）掌握长度、角度、几何误差以及表面粗糙度的检测 （2）掌握常用的计量器具工作原理及使用方法 （3）掌握检测方案的制定过程及方法 （4）熟悉计量仪器的日常维护与简单的故障诊断	（1）能够制定检测方案 （2）能够对计量仪器进行日常维护与简单的故障诊断 （3）具备良好的职业道德和职业意识

3. 实践性教学环节

（1）实习、实训安排　实习、实训主要包括质量检测认识实习、企业生产实习、测量技术实训、机械产品检验实训、毕业综合技能训练、毕业顶岗实习等。实验实训可在现代学徒制企业实习基地开展完成。实习、实训既是实践性教学，也是专业课教学的重要内容，应注重理论与实践一体化教学。专业综合实践包括：平台检测实训、量仪检定与调修实训、精密检测实训、毕业设计、认识实习与顶岗实习等。要严格执行《高等职业学校学生实习管理规定》有关要求，同时将创新创业教育内容融入专业课程教学和有关实践性教学环节中。

校企双方要结合实际，开设关于安全、节能减排、绿色环保、社会责任、兵工精神的弘扬与培育等人文素养、科学素养方面的专题讲座，并将有关内容融入专业教学中。要挖掘和充实各类专业课程的创新创业教育资源，将创新创业教育融入专业课程教学和有关实践性教学环节中；自主开设其他特色课程；组织开展志愿服务活动和其他实践活动。

（二）学分、学时安排

本专业毕业学分要求见表 1-13。

表 1-13　机械产品检测检验现代学徒制班毕业学分要求

课程性质	课程模块	开设学分		占总学分比例	毕业要求
必修	人文素质教育课程	128.5	33.5	85%	（1）本专业必修课最低取得125学分 （2）取得本专业核心课程与实践教学环节所有课程学分
	专业大类基础课程		19.5		
	专业课程		75.5		
选修	专业限选课程	不低于22.5	不低于12.5	15%	最低取得22.5学分，其中专业限选课程不低于12.5学分，创新创业选修课程不低于3学分，任意选修课程不低于7学分
	创新创业选修课程		不低于3		
	任意选修课程		不低于7		
合计		不低于151		100%	课内学分合计：不低于151学分

（续）

课程性质	课程模块	开设学分	占总学分比例	毕业要求
课外学分要及其他	（1）课外素质拓展课程不低于5学分 （2）创新创业选修课程、任意选修课程没有达到毕业应修学分要求，可以用奖励学分顶替。创新创业选修课程学分可以顶替任意选修课学分，但不能逆向顶替			

三年总学时数约为 2790 学时，约 144.5 学分；实践教学为 1530 学时，实践教学学时占总学时的 54.84%；每学时不少于 45 分钟。顶岗实习累计时间为 6 个月，可根据实际集中或分阶段安排实习时间。

九、教学基本条件

（一）"双导师"师资队伍

1. 学校导师

学校导师包括专任教师和兼职教师。一般按学生数与专任教师数比例不高于 25:1 的标准配备专任师资。专业带头人原则上应具有高级职称。双师型教师占专业课教师的比例一般应不低于 80%。学校导师聘任条件如下：

1）具有丰富的教学经验，较强的理论基础和专业技能。

2）入职并进行一线教学超过 3 年。

3）检测专业或机械类相关专业毕业，本科及以上学历并有半年以上的计量企业实践工作经验。

2. 企业导师（师傅）

企业师傅主要来自现代学徒制合作企业，即内蒙古第一机械集团有限公司计量检测中心、天津立中集团包头盛泰汽车零部件制造有限公司、丰达石油装备股份有限公司的一线技术岗位工作者。企业师傅的聘任条件如下：

1）思想道德好。热爱本职工作，吃苦耐劳、敬业爱岗，具有强烈的事业心和责任感，具备良好的职业道德。

2）技术业务精。从事几何量计量岗位工作 3 年以上（含 3 年），能胜任本职工作，能认真学习，刻苦钻研业务，具有大专及以上学历或中级及以上职业技术资格等级，具有熟练的操作技能、专业特长，并且是经验丰富的技术骨干。

3）具有良好的职业道德和协作意识，工作认真负责，具有奉献精神，能服从学校和企业的管理，遵守企业和学校的各项教学规章制度。

（二）教学设施

充分发挥学校和企业资源优势，将学校教学资源、设备、师资、教学项目与企业的技术资源、人力资源、生产资源、社会资源有效整合、优化配置，满足"学校课程"和"企业课程"教学的要求。

1. 校内教学设施

（1）专业教室基本条件 专业教室应配备多媒体计算机、投影设备、白板，接入互联网（有线或无线），安装应急照明装置，并保持良好状态，符合紧急疏散要求，保持逃生通道畅通无阻。

（2）校内实训室（基地）基本要求 专业应配备尺寸误差检测实训室、形位误差检测实训室、精密检测实训室、钳工实训室、机械加工实训中心、机械设备装调实训室、机械CAD/CAM实训室，且每个实训室设备台套数与学生比例不少于1:4。

（3）信息化教学方面的基本要求　专业应配备一体化专业教室，包含理论教学区和实训教学区。理论教学区配备学生桌椅、投影视听设备和计算机；实训教学区模拟企业工作环境，配备网络，有量具库。

（4）技术资料要求　各实训室应配备各种量具、计量仪器检定规程。

2. 校外教学设施

前5个学期，学生到内蒙古第一机械集团有限公司计量检测中心实习，一机集团计量检测中心应确保有能接收30人的实习场地，每个场地安排4个岗位，每个岗位6~8名学徒，1个师傅。在现场或分公司设立培训教室，针对技术和管理中的问题由校内教师或企业技术人员进行集中培训。

第6个学期为顶岗学徒期，要求学生顶岗一机集团计量检测中心各岗位，保证一人一岗、一师一徒。

（三）教学资源

教学资源主要包括能够满足学生专业学习、"双导师"专业教学研究和教学实施需要的教材、图书及数字资源等。

1. 教材选用基本要求

优先选用高职教育国家规划教材、省级规划教材，禁止不合格的教材进入课堂。学校应建立有专业教师、行业专家和教研人员等参加的教材选用机构，完善教材选用制度，通过规范程序择优选用教材。

2. 图书、文献配备基本要求

图书、文献配备应能满足学生全面培养、教科研工作、专业建设等的需要，方便师生查询、借阅。主要包括：装备制造行业政策法规、有关职业标准、机械工程手册、机械设计手册、机械加工工艺手册、机械制造计量检测技术手册、机械计量管理手册等，以及两种以上机械产品检测检验技术专业学术期刊和有关机械产品检测检验的案例类图书。

3. 数字资源配备基本要求

应建设和配置与本专业有关的音频和视频素材、教学课件、案例库、虚拟仿真软件、数字教材等数字资源，种类丰富、形式多样、使用便捷、动态更新、满足教学。

十、质量保障

1）建立现代学徒制专业建设和教学过程质量监控机制，对各主要教学环节提出明确的质量要求和标准，通过教学实施、过程监控、质量评价和持续改进，达成人才培养规格。

2）完善现代学徒制教学管理机制，加强日常教学组织运行与管理，建立健全巡课和听课制度，严明教学纪律。

3）建立学徒学生跟踪反馈机制及社会评价机制，定期评价人才培养质量和培养目标达成情况。

4）充分利用评价分析结果，有效改进现代学徒制专业教学和专业建设提高人才培养质量。

附件 1.11

机械产品检测检验技术专业现代学徒制专业岗位标准见表 1-14。

表 1-14　机械产品检测检验技术专业现代学徒制专业岗位标准

岗位名称	几何量计量技术		直接上级		计量检测中心 长度计量科科长
所属领域		岗位类别	技术岗位	岗位定员	
适用范围	计量检测中心				
工作权责及要求	（1）负责宣传、贯彻、执行《中华人民共和国计量法》及相关计量的法律、法规、标准和集团公司颁布的各类与计量相关的文件 （2）负责集团公司几何量计量专业最高计量标准装置申报、组建工作 （3）负责技术改造、设备引进的项目论证工作，几何量计量专业技术文件的起草、编制工作，在用几何量计量检测技术文件控制管理 （4）负责几何量计量专业新技术研究、引进、应用、推广 （5）负责集团公司内部几何量计量专业计量仲裁的计量检测分析工作 （6）负责解决几何量计量检测方面的技术难题 （7）负责编制本科室的培训计划，并组织开展几何量计量检测人员的培训工作 （8）负责编制和实施本专业测量设备的检定/校准计划、期间核查计划和检测/校准结果质量监控计划 （9）负责几何量计量专业的资质认定和国家实验室认可项目的申报和实施 （10）负责生产及科研过程中关重（关重工序）的零部件及数控机械加工设备加工试件的几何量计量检测工作 （11）负责数控机械加工设备安装、调试过程中位置精度的检测工作 （12）对出具的几何量检测校准结果的准确性负责 （13）掌握本岗位法律风险管理事项，有效防控职责范围内的法律风险 （14）负责组织办理上级交办的临时性工作 （15）严格执行公司各项安全生产规章制度，履行各岗位安全职责 （16）遵守国家有关保密法律、法规 （17）熟悉公司质量方针及目标				
工作方法	依据国家和上级部门颁发的有关计量的法律、法令、法规和集团公司发布的质量体系、计量体系和检测/校准实验室体系文件；依据检测标准、校准规程、规范和测量设备操作规程等各类作业指导书；技术改造、设备引进的项目论证和检测/校准技术的研究按要求进行				
工作关系	（1）直接受计量检测中心长度计量科科长领导 （2）指导本科室检测/校准人员的工作 （3）配合计量检测中心其他科室的业务工作				
岗位资格					
身体情况	身体健康				
学历	大专及以上				
技术职务	初级及以上				
工作经历	从事几何量检测技术工作 3 年及以上				
专业知识	掌握机械测试技术基础、机械设计制造基础、几何量精密测量、几何量测量设备测量原理及工作原理和维护保养、测量不确定度和误差与数据处理知识；熟悉计算机辅助设计和计算机辅助制图软件的操作				
工作能力	具有较强的学习、创新、研究、开发、解决检测技术难题的能力；具有指导培训下一级别从事几何量检测/校准工作人员的能力				
品质	依据《内蒙古第一机械集团员工职业道德规范》				
岗位特殊	持有几何量专业计量检定员资格证书				

附件 1. 12

机械产品检测检验技术专业企业人才培养方案（企业版）
（现代学徒制）

学院：包头职业技术学院

系部：机械工程系

教研室：液压与机械检测技术

协同制定单位：内蒙古第一机械集团有限公司计量检测中心

丰达石油装备股份有限公司

天津立中集团包头盛泰汽车零部件制造有限公司

坚持以企业发展需求及用人规划为原则，充分利用包头职业技术学院的教学资源，开展机械产品检测检验技术专业现代学徒制培养，为开发及培养公司战略后备人才队伍，建立人才梯队及公司的可持续发展提供人力支持。

一、学徒培养目标

按照内蒙古第一机械集团有限公司计量检测中心（长度计量、几何量精密检测、几何量计量技术 3 个主体岗位）、丰达石油装备股份有限公司（抽油管检测岗位）、天津立中集团包头盛泰汽车零部件制造有限公司（汽车轮毂综合性能检测岗位）共 5 个现代学徒制人才培养岗位的具体岗位标准要求，与包头职业技术学院合作培养具备机械产品检测检验技术专业必需的基础理论知识，掌握各类计量器具的操作技能及检定技能，并具备在机械产品加工过程中进行质量分析和控制能力，能在企事业单位从事质量管理与检测检验工作的技术技能型人才。

二、学徒培养岗位

机械产品检测检验技术专业现代学徒制人才培养的合作单位有内蒙古第一机械集团有限公司计量检测中心、丰达石油装备股份有限公司、天津立中集团包头盛泰汽车零部件制造有限公司 3 家企业，通过校企多次研讨论证，协同确定出本专业现代学徒制人才培养的主体岗位，详情可见表 1-15。

表 1-15　本专业现代学徒制人才培养主体岗位（群）与职业领域

序号	合作企业	职业领域	主体培养岗位
1	内蒙古第一机械集团有限公司计量检测中心	检验试验工程技术人员	长度计量
			几何量精密检测
			几何量计量技术
2	丰达石油装备股份有限公司	机械工程技术人员	抽油管检测
3	天津立中集团包头盛泰汽车零部件制造有限公司	机械工程技术人员	汽车轮毂综合性能检测

三、学徒培养内容

（一）学徒来源

学徒均为包头职业技术学院机械产品检测检验技术专业的学生。

（二）课程体系

规划学徒培养课程体系，以学院培养过程为依据，制定不同时期学徒的对应课程，形成系统的企业课程体系，见表1-16。

表1-16　机械产品检测检验技术专业课程体系

培养过程	学徒成长时期	企业课程
职业基础能力培养阶段	学徒入门期	质量检测认识实习、通用量具使用实训、企业专家讲座
职业基本能力（专项能力）培养阶段	学徒成长期	专业生产实习、测量技术实训、机械产品检验实训、三坐标检测技术、量仪检定与调修技术、精密检测岗位实习、毕业综合技能训练企业专家讲座、
职业综合能力培养阶段	学徒成熟期	毕业顶岗实习

（三）企业课程

以内蒙古第一机械集团有限公司计量检测中心、丰达石油装备股份有限公司、天津立中集团包头盛泰汽车零部件制造有限公司3家单位5个主体岗位对学徒能力要求为基础，采用公司真实项目，结合生产中的典型工作任务，设置学徒企业课程实训项目，课程负责人组织制定相应的课程标准，见表1-17。

表1-17　机械产品检测检验技术专业学徒企业课程

序号	课程名称	实训项目	学时
1	质量检测认识实习	企业安全文明生产教育、认识常见的机械加工方法与设备、常用的质量检测方法和检测设备以及先进的制造技术与检测方法	30
2	通用量具使用实训	卡尺类、螺旋测微类、表类等常规量具的结构、测量原理及使用规程	30
3	企业生产实习	企业入厂培训、企业质量管理办法及质量检测技术现场应用情况的介绍、利用常用的质量检测方法和检测设备对零件的几何参数进行检测	30
4	测量技术实训	利用自准直仪、光学计、测长仪、工具显微镜、投影仪、光学分度头、光切显微镜、干涉显微镜、接触式干涉仪等对给定零件的几何量参数进行测量并进行数据处理	90
5	三坐标检测技术	学习三坐标测量机的主要组成部分、系统的启动与关闭，PC-DMIS的操作界面，创建新文件、学习定义、校验、调用测头，掌握手动测量特征的方法，掌握坐标系的建立，掌握自动测量特征（DCC），能够进行尺寸评价和输出测量报告，三坐标测量机的日常使用及维护	32
6	量仪检定与调修技术	通用计量器具（卡尺类、螺旋测微类、表类等）、标准量具（量块、线纹尺等）、专用量具（螺纹规、光滑极限量规、卡规等）的检定与调修	72
7	机械产品检验实训	螺纹规、齿轮、轴承、机床等典型机械产品的几何量参数的检验	120
8	精密检测岗位实习	测长仪、圆柱度仪、测高仪等计量仪器的结构原理、使用操作及维护保养	30

四、学徒培养形式

与包头职业技术学院联手，实施"工学交替"式学徒培养，通过在学院的理论学习及基本技能学习和在企业岗位工作的不定期交替的形式来完成学徒培养。

为适应学徒成长的不同时期，公司为学徒配置师傅，采用"师带徒"的培养模式，由实施部门负责人组织实施学徒培养。"量仪检定与调修技术"课程"师带徒"模式及教学组织过程方案见表1-18。

表1-18 "量仪检定与调修技术"课程"师带徒"教学组织方案

教学内容	学徒学习顺序	教学组织	教学方法	学时
入厂前培训	全体	在企业培训教室，通过案例分析、资料展示、PPT演示等方式对全体学徒进行厂前培训	案例分析、讲授举例	2
标准量具的检定（设置2个实习岗位）	第1~3周：1组 第4~6周：2组 第7~9周：3组 第10~12周：4组	（1）量具使用：学徒练习正确使用量具 （2）标准量具检定工作岗位实习 项目：量块、角度量块 形式：师傅指导学徒完成具体工作 工作内容：检定外观、示值误差、研合性等参数	演示示范、讲解指导	16
万能量具的检定（设置2个实习岗位）	第1~3周：2组 第4~6周：3组 第7~9周：4组 第10~12周：1组	（1）量具使用：学徒练习正确使用量具 （2）万能量具检定岗位实习 项目：游标卡尺、外径千分尺、表类 形式：师傅指导学徒完成具体工作 工作内容：检定外观、各部分相互作用、测量面的表面粗糙度、外量爪测量面的平面度、示值误差、回程误差等参数	示范讲授、实践指导	16
专用量具的检定（设置2个实习岗位）	第1~3周：3组 第4~6周：4组 第7~9周：1组 第10~12周：2组	（1）量具使用：学徒练习正确使用量具 （2）专用量具检定岗位实习 项目：卡规、螺纹校验规、塞规 形式：师傅指导学徒完成具体工作 工作内容：检定外径、螺纹中径等参数	演示示范、讲解指导	16
计量仪器的检定	第1~3周：4组 第4~6周：1组 第7~9周：2组 第10~12周：3组	（1）量具使用：学徒练习正确使用量具 （2）计量仪器检定岗位实习 项目：万能工具显微镜、测长仪、光学计、三坐标测量仪的检定 形式：师傅指导学徒完成具体工作 工作内容：检定相关仪器的几何量参数	演示示范、讲解指导	18
总结汇报	全体	学生通过PPT展示自己在习过程中的所见所学、收获和体会，教师根据学生展示情况给予相应赋分	演讲	4
合计				72

五、企业师傅队伍建设

（一）基本条件

（1）思想道德好　热爱本职工作，吃苦耐劳、敬业爱岗，具有强烈的事业心和责任感，具备良好的职业道德。

（2）技术业务精　从事几何量计量岗位工作 3 年以上（含 3 年），能胜任本职工作，能认真学习，刻苦钻研业务，具有本专业（工种）从业资格证书或技术技能证书，具有熟练的操作技能、专业特长，并且是经验丰富的技术骨干。

（3）管理能力强　善于搞好团队建设，团结互助，具有较强的计划、组织、协调、控制等管理能力。

（4）具有教师基本素质　语言表达能力较强，具有一定的实训指导能力。

（二）选拔聘用流程

1）每学期期末根据学徒课程需要与学院共同制定用人计划。

2）由各实施部门统筹安排，在符合基本条件的职工中，采取自愿报名、择优选拔的方法推荐受聘人员。

3）各部门将受聘人员上报人力资源主管部门审批，合格后聘用。

4）与受聘人员签订聘用合同，聘期为 3 年。

5）受聘期间将享受企业师傅的相应待遇。

（三）师傅的职责

（1）完成企业课程教学工作任务　企业师傅应按专业教学要求承担企业课程的教学任务，并在每学期初准备好各项教学资料，在课程实施前一周做好教学场地、工具、设备等各项教学准备，接受学院及企业教学督导检查。一个师傅带多个徒弟时，师傅应编制不同的工作任务，指导徒弟轮流完成；一对一带徒弟时，师傅在岗示范时间应不超过课堂时间的四分之一，其余时间应指导徒弟在岗工作。师傅应按每门课程的考核方案要求严格对徒弟进行考核，并完成对徒弟的书面评价。

（2）参加学院组织的教学研讨和教研活动　企业师傅应定期参加专业的教研活动，并负责在企业现场组织教学研讨。

（3）参加各类培训　企业师傅要按学院和企业对员工的培训要求，参加教学能力提升培训、专业理论讲座等培训活动。

（四）师傅的考核与管理

1）师傅由人力资源部统一管理，建立个人业务档案，每个聘期结束后记载在受聘期间的表现及教学任务完成情况。

2）由人力资源部派专门人员对师傅进行考核，考核内容主要由两个方面构成，即带徒能力和带徒态度，各占 50%，具体内容及方法见表 1-19。

表 1-19　机械产品检测检验技术专业师傅考核内容

考核内容	考核方法	考核方法
带徒能力	徒弟的技能水平（按百分制打分）	学习项目实操
带徒态度	管理人员抽查（满分为 100 分，采用扣分制）	带徒情况，包括是否在岗、是否指导徒弟、是否演示示范等

3）考核按分数高低排出名次，作为下一轮聘任依据。

六、学徒培养资源

内蒙古第一机械集团有限公司计量检测中心、丰达石油装备股份有限公司、天津立中集团包头盛泰汽车零部件制造有限公司3家合作单位在支持现代学徒制培养方面软件及硬件设施实力雄厚，设置多个一线工作场所作为学徒培养基地，全力支持现代学徒制培养。公司提供的技术人员配置及设备资源见表1-20至表1-25。

表1-20　内蒙古第一机械集团有限公司计量检测中心学徒培养技术人员配置

序号	相关职称	人数	相关资质
1	研究员级高级工程师	2	"计量检测体系合格证书"
2	高级工程师	24	"国家实验室认可证书"（中国合格评定国家认可委员会颁发）
3	工程师	31	"国防实验室认可证书"（国防科技工业实验室认可委员会颁发）
4	高级技师	4	"锅炉压力容器压力管道及特种设备检验许可证书"（国家质量监督检验检疫总局颁发）
5	技师	20	"产品检测计量认证证书"（内蒙古自治区质量技术监督局颁发）
6	技术能手	34	

表1-21　内蒙古第一机械集团有限公司计量检测中心学徒培养设备资源

序号	部门		设备资源
1	几何量计量室	标准组	接触式干涉仪、1m测长机、立式光学计（2台）、万能测角仪、圆柱度仪、表面粗糙度仪、平面等厚干涉仪、量块、卡尺类量具、外径千分尺等
2		万能组	量块、外径千分尺、内径百分表、去磁机以及表类检定仪等
3		专用组	机械式比较仪、万能测齿仪、投影仪、万能工具显微镜、立式光学计、测长仪、直角尺检查仪、卧式光学计、齿轮测量仪、等机测量仪、电动量仪等
4		精测组	三坐标测量机（3台）、圆柱度仪（2台）、激光跟踪仪以及关节臂测量机等
5	理化检测室		CS-200碳硫测定仪、ONH836测定仪、JY Profile HR型辉光放电发射光谱仪、垂直发电等离子发射仪、电子天平（万分之一分度）、T6新世纪紫外可见分光光度计、波长射散型荧光光谱仪等

表1-22　天津立中集团包头盛泰汽车零部件制造有限公司技术人员配置

序号	相关职称	人数	重要荣誉
1	高级工程师	2	国家级评审员
2	工程师	3	
3	技师	4	

表1-23　天津立中集团包头盛泰汽车零部件制造有限公司设备资源

序号	部门名称	设备资源
1	质量检测部	外径千分尺、机械式扭簧比较仪、内径百分表、表面粗糙度仪、量块、卡尺类量具等，立式光学计（4台）、R365全自动圆柱度仪、自准直仪（1台）、万能测长仪、投影仪（1台）、测高仪（1台）、三坐标测量机（1台）

表1-24　丰达石油装备股份有限公司技术人员配置

序号	相关职称	人数	相关资质
1	高级工程师	2	
2	工程师	1	内蒙古自治区钻采精密装备工程研究中心
3	技师	2	

表1-25　丰达石油装备股份有限公司设备资源

序号	实训室名称	设备资源
1	质检部	直角尺检查仪、外径千分尺、偏摆检测仪、内径百分表、表面粗糙度仪、量块、卡尺类量具等，激光跟踪仪、激光干涉仪、三坐标测量机（1台）

七、学徒考核评价

每完成1门企业课程即对学徒进行一轮考核，未达到规定要求者不予进行后续企业课程学习。以"机械产品检验实训"课程为例说明课程考核内容，见表1-26。

表1-26　"机械产品检验实训"课程考核表

考核点		考核比例	评价标准				
			优秀(90~100)	良好(80~89)	中(70~79)	及格(60~69)	不及格(60以下)
态度纪律	实训期间的出勤情况；学习态度情况；团队协作情况	15%	没有缺勤情况：认真对待实训，听从教师安排；能与小组成员进行充分协作	缺勤5%以下：认真对待实训，听从教师安排；能与小组成员进行充分协作	缺勤10%以下：认真对待实训，听从教师安排；能与小组成员进行一定程度的协作	缺勤15%以下：听从教师安排；能与小组成员进行一定程度的协作	缺勤15%以上：听从教师安排
实训项目测试	检测方案的制定；量具、仪器使用；实训过程的完整性；测量结果准确	50%	100%完成实训任务；检测方案制定合理；能正确使用量具、仪器；实训过程比较完整，正确记录测量结果	80%完成实训任务；检测方案制定合理；能比较正确地使用量具、仪器；实训过程比较完整，正确记录测量结果	70%完成实训任务；检测方案制定比较合理；能比较正确地使用量具、仪器；实训过程基本完整，正确记录测量结果	60%完成实训任务；能在小组成员的帮助下完成项目任务	不能完成实训任务
创新能力	主动发现问题、分析问题和解决问题情况；是否有创新；是否采用优化方案	15%	能够独立分析、解决问题，分析问题透彻，解决问题方式正确、高效；实训项目有创新	能够独立分析、解决问题；解决问题方式正确、高效；解决问题方式正确、高效	能够独立分析、解决问题，能够借助常用的量仪获取有用信息	分析、解决问题能力一般；能够在他人的帮助下完成实训	分析、解决问题能力一般；不能完成实训

（续）

考 核 点		考核比例	评价标准				
			优秀 （90～100）	良好 （80～89）	中 （70～79）	及格 （60～69）	不及格 （60以下）
实训报告	实训报告书写是否规范	10%	实训报告规范	实训报告比较规范	实训报告比较规范	能完成实训报告	不能完成实训报告
表达沟通	项目陈述情况；回答问题情况	10%	表达能力强，条理清楚；能够正确回答所提问题，思路敏捷	表达能力较强，条理清楚；能够正确回答所提问题	能够正确阐述实训过程；能够回答所提问题，没有原理性错误	表达能力一般；能够回答所提问题，没有原理性错误	表达能力一般；回答问题条理不太清晰
合计			100%				

八、学徒管理

1）公司与包头职业技术学院联合培养，学徒期限为 3 年。

2）学徒员工应遵守国家法律法规或公司规章管理制度，不得影响公司正常工作与生产秩序。

3）学徒员工在学徒期间由公司为其指定师傅，一经确定将不予更改；学徒期内前 3 年不享受工资待遇。

九、方案制定人员及审核人员

制定人：王慧、秦晋丽、李现友、孙友群、赵焕娣、白艳荣、程永安、张守基

审核人：王靖东、韩丽华、杨建军、秦凤鸣、殷娜

附件 1.13

机械产品检测检验技术专业人才培养方案（学校版）
（现代学徒制）

学院：包头职业技术学院

系部：机械工程系

教研室：液压与机械检测技术

协同制定单位：内蒙古第一机械集团有限公司计量检测中心

丰达石油装备股份有限公司

天津立中集团包头盛泰汽车零部件制造有限公司

一、学制与招生对象

1. 学制：3 年，学生可在 2～5 年内完成学业。

2. 招生对象：普通高级中学毕业、中等职业学校毕业或具备同等学力企业员工。

二、培养目标

本专业通过校企联合培养德、智、体、美全面发展，能践行社会主义核心价值观，具有一定的文化水平、良好的职业道德和人文素养，具备机械产品检测检验技术专业必需的基础理论知识，掌握各类计量器具的操作技能及检定技能，并具备在机械产品加工过程中进行质

量分析和控制的能力，能在企事业单位从事质量管理与检测检验工作的高素质技术技能型人才。

三、培养岗位

机械产品检测检验技术专业主要面向内蒙古第一机械集团有限公司计量检测中心、丰达石油装备股份有限公司、天津立中集团包头盛泰汽车零部件制造有限公司的质量检测与管理部门。根据企业岗位用人需求确定本专业现代学徒制班学生的人才培养岗位和主要职业领域，具体见表1-27。

表1-27 本专业现代学徒制人才培养主体岗位（群）与职业领域

序号	合作企业	职业领域	主体培养岗位	
			培养岗位	毕业后1~2年升迁岗位
1	内蒙古第一机械集团有限公司计量检测中心	检验试验工程技术人员	长度计量	几何量计量管理岗 几何量精密检测管理岗
			几何量精密检测	
			几何量计量技术	
2	丰达石油装备股份有限公司	机械工程技术人员	螺纹管检测	检测管理岗
3	天津立中集团包头盛泰汽车零部件制造有限公司	机械工程技术人员	汽车轮毂综合性能检测	检测管理岗

四、人才培养规格

机械产品检测检验技术专业现代学徒制人才培养模式的人才培养规格主要有素质要求、知识要求和能力要求，具体见表1-28。

表1-28 人才培养规格

培养规格		机械产品检测检验技术
素质要求		（1）热爱祖国，拥护中国共产党的领导，学习并掌握毛泽东思想与中国特色社会主义理论体系 （2）具有爱国主义、集体主义、社会主义觉悟和良好的思想品德 （3）具有敬业精神、团队精神和求索精神，以及良好的人际沟通能力和一线岗位适应能力 （4）具有创业精神、良好的职业道德和健全的体魄
知识要求	专业基础知识	（1）具备高素质技能型人才所必需的文化知识 （2）掌握必需的高等数学、计算机应用、电工电子技术等方面的基础理论知识 （3）掌握机械零件图与装配图的识读、绘制知识 （4）掌握机械工程材料及热加工的基本知识 （5）掌握机械结构分析与设计的理论知识与方法 （6）掌握机械加工及装配的常规工艺知识，了解先进技术方面的知识 （7）掌握误差理论与数据处理专业基础理论知识 （8）了解现代企业管理与ISO 9000质量体系及标准化法、计量法等方面的相关法律、法规

（续）

培 养 规 格		机械产品检测检验技术
知识要求	专业知识	（1）熟悉常用量具、计量仪器的结构及工作原理 （2）熟练掌握常用量具、计量仪器的操作及使用 （3）掌握常用量具、计量仪器日常保养、维护、调试的知识 （4）掌握各种检测方法 （5）掌握常用件、标准件检定的知识 （6）掌握专用量具的设计方法 （7）掌握编制中等复杂程度零件检测规程的知识 （8）掌握误差变化规律及处理方法，并能正确地对测量数据进行计算、判断、处理 （9）掌握分析诊断计量仪器常见故障的知识，并具有维修和维护的知识 （10）了解无损检测和理化检验的知识 （11）了解先进的检测方法和检测设备
能力要求		（1）能够阅读机械专业有关技术文献、资料 （2）具有对常用量具、计量仪器进行操作和使用的能力 （3）具有对常用量具、计量仪器日常保养、维护、调试的能力 （4）具有对机械产品进行质量分析的能力 （5）具有编制中等复杂程度零件检测规程的能力 （6）具有分析诊断计量仪器的常见故障和维修、维护的能力 （7）具有学习先进技术的能力

五、课程体系

机械产品检测检验技术专业前4个学期开设机械产品检测检验技术专业基础课程，第5学期开设机械产品检测检验技术专业提升和拓展课程，第6学期为顶岗实习。

（一）课程体系构建总体要求

依据机械产品检测检验技术专业的基础性知识和基础能力要求，结合内蒙古第一机械集团有限公司计量检测中心、丰达石油装备股份有限公司、天津立中集团包头盛泰汽车零部件制造有限公司的岗位素质、知识和能力要求，构建"基础平台＋拓展方向"的课程体系。通过对职业素质及机械产品检测检验技术专业支撑技术的分析，确定基础平台课程及专业拓展类课程。前4个学期进行文化基础、专业基础知识学习和专业基础技能训练，完成学生基本职业素质的培养；第5学期进行专业拓展课程的学习；第6学期进行企业顶岗实习，相应完成学生职业能力的培养。

（二）双证书课程

在人才培养方案设计中，学生须取得至少一个职业资格证书方可毕业。学生在学习期间根据合作企业的岗位技能需求，可考取制图员、质量管理体系内部审核员等相关证书。因此在课程体系中，引入职业资格标准，设置计量技术基础、几何量计量、精密检测岗位实习等课程。

（三）专业核心课程说明

本专业开设"计量仪器与检测""机械加工质量控制与检测""量仪检定与调修技术""几何量计量""测量技术实训"5门核心课程。

1. 计量仪器与检测

本课程主要讲述测量长度、形状和位置、表面粗糙度、角度等几何量，以及螺纹、圆柱齿轮等典型零件的仪器的工作原理、使用方法、精度影响因素与维护等。通过本课程的学习，使学生熟悉各种计量仪器的操作、使用技术。

2. 机械加工质量控制与检测

本课程以工程实例为背景，介绍长度、形状和位置、表面粗糙度、角度等几何量，以及螺纹、圆柱齿轮等典型零件的检验方案设计、测量方法选择和加工质量控制。以机械制造工艺为主线，综合运用相关知识，介绍典型零件的机械加工质量控制和检测所必需的工艺规程的制定（加工规程和综合检验规程）。通过本课程的学习，使学生初步具备独立编制中等复杂零件机械加工质量控制和检测的能力。

3. 量仪检定与调修技术

本课程主要讲述游标类、螺旋副类、表类等机械量仪和光学比较仪、万能测长仪、万能工具显微镜等光学量仪及表面粗糙度检查仪、圆柱度仪、三坐标测量机等电动量仪的工作原理和结构，使学生掌握量仪的检定与调修及其常见故障的排除方法。

4. 几何量计量

本课程主要介绍计量标准考核的术语；计量标准的命名原则及代码；计量检定规程与校准规范的区别和执行原则；计量标准考核的准备工作，包括标准配置、量值溯源、人员要求、环境条件及设施、计量标准文件集的管理、测量能力的确认等；计量标准考核材料的准备，分别对计量标准考核申请书、计量标准技术报告、计量标准履历书的编写进行了详细的介绍，并以实例的形式说明；常用几何量计量标准考核中应坚持的原则及考评方法，引用实例说明了考核报告的填写。

5. 测量技术实训

本课程主要综合运用常用计量仪器和检测方法等理论知识对典型的机械产品进行质量检验与质量控制改进能力的训练，重点培养学生熟悉机械制图，能够运用常用方法和计量仪器对产品进行检验和控制。

六、毕业标准

1. 教育平台构成、学分安排、毕业学分要求

教育平台构成、学分安排、毕业学分要求见表1-29。

表1-29 教育平台构成、学分安排、毕业学分要求

课程性质	课程模块	开设学分		占总学分比例	毕业要求
必修	人文素质教育课程	128.5	33.5	85%	（1）本专业必修课最低取得125学分 （2）取得本专业中核心课程与实践教学环节所有课程学分
	专业大类基础课程		19.5		
	专业课程		75.5		
选修	专业限选课程	不低于22.5	不低于12.5	15%	最低取得22.5学分，其中专业限选课程不低于12.5学分，创新创业选修课程不低于3学分，任意选修课程不低于7学分
	创新创业选修课程		不低于3		
	任意选修课程		不低于7		
	合计	不低于151		100%	课内学分合计：不低于151学分
课外学分要求及其他	（1）课外素质拓展课程不低于5学分 （2）创新创业选修课程、任意选修课程没有达到毕业应修学分要求，可以用奖励学分顶替。创新创业选修课程学分可以顶替任意选修课学分，但不能逆向顶替				

2. 职业资格证书、专业能力水平证书及奖励学分要求

1）本专业必须取得的职业资格证书及专业能力水平证书（至少取得以下证书之一）：

① 普通车工四级证书。

② 普通铣工四级证书。

③ 制图员四级证书。

2）学院鼓励取得的职业资格证书及专业能力水平证书：

"国家普通话水平合格等级证书（三级甲等及以上）""机动车驾驶证""ISO 9000 质量管理体系内部审核员证书""高等学校英语应用能力 B 级考试"、CET4、CET6、"CEAC 计算机应用能力认证""全国计算机等级考试合格证书"等有助于提高个人素质的资格证书。

七、专业教学进程与学时、学分分配

课程设置与教学进程表见附件 1.14。

实践教学环节教学进程表见表 1-30。

表 1-30　实践教学环节教学进程表

学期	第1周	第2周	第3周	第4周	第5周	第6周	第7周	第8周	第9周	第10周	第11周	第12周	第13周	第14周	第15周	第16周	第17周	第18周	第19周	第20周	第21周	第22周	第23周	第24周	第25周	第26周
一	R	★	★				I								△					=	=	=	=	=	=	=
二				△											Θ					=	=	=	=	=	=	=
三			I							△	△				Θ	Θ	Θ			=	=	=	=	=	=	=
四															Θ	Θ	Θ	Θ		=	=	=	=	=	=	=
五											Θ	Φ	Φ	Φ	Φ	Φ	Φ									
六	I	I	I	I	I	I	I	I	I	I	I	I	I	I	I	I	I	I	-	-	-	-	-	-	-

注：□理论教学，★军训，R 入学教育考试，=假期，□课程设计，△校内实习实训，Θ校外实习实训，I 企业实习，Φ 毕业综合技能训练（毕业设计）。

教学数据统计见表 1-31。

表 1-31　教学数据统计

项　目		学期						合计
		1	2	3	4	5	6	
理论教学周数		14	17	13	15	12	0	71
实践教学周数		4	2	6	4	7	16	39
安排总学分		25.75	30.75	22.75	27.25	18.5	16	141
必修理论课	安排门数	10	12	6	9	0	0	37
	安排学时	332	436	258	370	0	0	1396
	安排学分	21.5	28.5	16.5	24.5	0	0	91
	周学时	23.71	25.65	19.85	24.67	0	0	93.88
限选课	安排门数	0	0	0	0	4	0	4
	安排学时	0	0	0	0	160	0	160
	安排学分	0	0	0	0	11.5	0	11.5

（续）

项 目		学期						合计
		1	2	3	4	5	6	
实践环节	独立设置环节数	3	2	3	1	2	1	12
	安排学分	4	2	6	4	7	16	39

注：表中数据均按课内学时（周数）统计；独立设置环节数指实践课程门数；理论教学以 16 学时 1 学分折算；实践教学以每周 30 学时 1 学分折算。

八、教学实施

（一）教学组织形式

1. 教学方式

第 1、2 学期为学徒入门期：第 1 学期共 18 个教学周，1 周质量检测认识实习；安排企业专家级技术人员讲座 4 学时。质量检测认识实习期间采用一师带多徒形式教学，每名企业师傅指导学徒不得超过 10 人。第 2 学期共 19 个教学周，1 周企业实习；安排企业专家级技术人员讲座 8 学时。企业实习采用工学交替教学形式（按企业工作计划和学校教学计划安排），通过通用量具使用实训企业课程学习，实现企业工作与学校学习的工学交替。企业课程采用一师带多徒形式教学，每名企业师傅指导学徒不得超过 5 人。

第 3～5 学期为学徒成长期：采用分段工学交替形式，企业课程采用一徒多师形式教学，学徒将在不同的岗位学习，对应多名师傅。

第 6 学期为学徒成熟期：学徒在企业顶岗。采用一师一徒教学形式，每名师傅指导一名学徒。

2. 教学方法与教学手段

学校课程的教学方法和手段：充分利用多媒体课件、视频、动画辅助教学资源等现代化教学手段，使教学过程图、文、声并茂。通过视频动画演示企业现场的实物及具体工作过程，增强教学的直观性和生动性，同时注意行动导向教学方法的运用，适当设置任务，采用任务驱动等教学方法。

企业课程的教学方法和手段：充分利用企业设备、场地，配合实训基地教学软件等资源，以任务驱动的实践指导为主，同时应以示范、演示等方式指导学徒工作。

（二）专业教学团队

1. 专业师生比

专业教师与学生比例为 1:3，企业师傅与学生比例为 1:1。

2. 学校教师聘任条件

具有丰富的教学经验，较强的理论基础和专业技能；入职并进行一线教学 3 年以上；检测专业或机械类相关专业毕业，本科及以上学历并有半年以上的计量企业实践工作经验。

3. 企业师傅聘任条件

1）3 家合作企业在职职工、来自运营部门的管理者、一线技术岗位工作者。

2）身体健康，具有良好的职业道德、较强的责任心和实践操作的指导能力。

3）具有专科及以上学历或有技师及以上技能等级证书。

4）具有 3 年以上专业工作经历，实践经验丰富。

5）企业技能比试中获胜者优先聘任。

4. 教师职责

（1）按教学计划完成教学工作任务 企业师傅按专业教学要求承担企业课程的教学任务，并在每学期初准备好各项教学资料，在课程实施前一周做好教学场地、工具、设备等各项教学准备，接受学院及企业教学督导检查。一个师傅带多个徒弟时，师傅编制不同的工作任务，指导徒弟轮流完成；一个师傅带一个徒弟时，师傅在岗示范时间应不超过课堂时间的1/4，其余时间应指导徒弟在岗工作。师傅按每门课程的考核方案要求严格对徒弟进行考核，并完成对徒弟的书面评价。

专任教师按专业教学要求承担理实一体课程教学、企业课程指导等教学工作，并在每学期初准备好各项教学资料，接受学院及企业教学督导的教学检查。在企业课程中，专任教师协助企业师傅完成课程教学，组织课程考核，负责解答学徒理论上的问题，并指导学徒完成实践。

（2）参加教学研讨和教研活动 企业师傅应定期参加专业的教研活动，并负责在企业现场组织教学研讨；专任教师每学期参加企业现场研讨不少于2次。

（3）参加专业课程建设 专业每门课程由1校1企两名负责人进行课程建设。学校课程的团队中专业教师与企业师傅比例为3:1；企业课程的团队中专任教师与企业师傅的比例为1:3。专任教师与企业师傅同时承担建设课程标准、编写课程教案、制作教学课件、建设课程资源等责任。

（4）按专业师资培养要求参加各类培训 校方每学期聘请职教专家为企业师傅进行职教理论及教育教学方法的讲座与指导，不定期安排企业师傅参加项目培训，提升其执教能力；专任教师每年参加企业实践工作不少于3个月，应积极与企业技术人员一起解决技术难题；在有条件的情况下，校企教师可进行岗位互换工作，提升实践和教学能力。

（三）教学设施

充分发挥学校和企业资源优势，将学校教学资源、设备、师资、教学项目与企业的技术资源、人力资源、生产资源、社会资源有效整合、优化配置，满足"学校课程"和"企业课程"教学的要求。

1. 校内实训条件

（1）教学场地 采用一体化教室，包含理论教学区和实训教学区。理论教学区配备学生桌椅、投影视听设备和计算机；实训教学区模拟企业工作环境，配备网络，有量具库。

（2）教学设备 专业配备尺寸误差检测实训室、形位误差检测实训室、精密检测实训室、钳工实训室、机械加工实训中心、机械设备装调实训室、机械CAD/CAM实训室；每个实训室设备台套数与学生比例不少于1:4。

（3）技术资料 各种量具、计量仪器检定规程。

2. 校外实训条件

前5个学期，学生到内蒙古第一机械集团有限公司计量检测中心实习，一机集团计量检测中心应确保有能接收30人的实习场地，每个场地安排4个岗位，每个岗位6~8名学徒，1个师傅，在现场或分公司设立培训教室，针对技术和管理中的问题由校内教师或企业技术人员进行集中培训。

第6学期为顶岗学徒期，要求学生到内蒙古第一机械集团有限公司计量检测中心、丰达石油装备股份有限公司、天津立中集团包头盛泰汽车零部件制造有限公司各岗位，保证一人一岗、一师一徒。

（四）教学资源

建立以学校课程和企业课程相适应为目标，以实现学校学习与企业学徒一致性为导向，利于工学交替完成学习的课程资源。以企业技能考核标准为基准建设教学资源库，形成系统、规范的课程网络资源。

（1）学校课程配套资源 学校核心课程配套教材、教案、电子课件、实训指导书、习题和试题库、教学软件、实训软件、网络课程、自主学习资源。

（2）企业课程配套资源 企业岗位操作规程、企业管理规章制度汇编、企业课程实训指导教材、企业学徒任务工单、企业培训项目教案。

（五）教学考核评价

从课程教学质量监控出发，对人才培养进行评价。每门课程均制定细化的课程考核方案，经专业及教务科审核合格后，在课程考核时严格按考核方案执行。在考核方案中，实施校企共同评价，企业课程以企业考核为主，理实一体课程以学校考核为主。

1. 企业学徒考核评价

采用实践操作和员工评价相结合进行考核。实践考核主要以具体操作项目考核为主，每门课程制定具体的考核细则，主要考核学生实际动手能力；员工评价主要考核学徒与企业员工的融合度。

2. 学校学习考核评价

学校课程考核以理论知识和实践考核相结合为原则。实践考核以考查学生动手能力和解决问题能力为主确定考核评价项目，每个项目确定具体的考核细则，以任课老师评分为准进行考核，理论考核以试卷形式进行检验和考核。

（六）教学管理

建立科学分工、职责明确的学院、企业、专业联合教学管理机构，成立教学督导组，负责教学运行质量监控和日常管理。

1. 教学档案管理

每学期期末依据人才培养方案由专业带头人选定下学期课程任课教师。学校课程由学院选派，企业课程由企业带头人负责选派，在学期开学前一周由校企共同组成的督导组负责检查任课教师的教案、授课进度计划、教学项目任务书、指导书等教学资料，并在整个学期的教学过程中负责跟踪检查。

2. 教学过程管理

根据学院、企业规章制度，校企管理文件，各主要教学环节的质量标准和单项评估方案，对主要教学环节、教学质量、校内外实践条件（环境）进行有效的监督检查，保证教学的有效实施。

企业课程实施按教学管理规定，由企业带头人和企业督导组进行管理，学期初制定课程实施计划，包括师傅选派、场地准备、设备准备、教学资料准备，并负责教学过程的检查监督及对师傅的考核评价。学校课程的实施按教学管理制度规定由教学系部共同管理，以集中和分散形式进行，分期初、期中、期末3次集中检查，同时在整个教学过程中不定期抽查。

九、方案制定人员及审核人员

制定人：秦晋丽、王慧、李现友、孙友群、张永表、陈永波、程永安

审核人：王靖东、韩丽华、杨建军、秦凤鸣、殷娜

附件 1.14

课程设置与教学进程表

专业（或专业方向）名称：机械产品检测检验技术。

课程设置与教学进程表见表 1-32。

表 1-32　课程设置与教学进程表

制定日期：2016 年 9 月

项目模块	序号	课程代码	课程名称	课程属性	课程类型	课程学分	教学总学时	计划学时/周数				各学期课内学时分配 理论教学周						教学场所
								排课学时	集中实践	课内理论	课内实践	一学期 14周	二学期 17周	三学期 13周	四学期 15周	五学期 12周	六学期 一	
	1	205001	思想道德修养与法律基础1	必修	B	1.5	24	20	课外网络4	16	4	2×10						②⑥
	2	205002	思想道德修养与法律基础2	必修	B	1.5	24	20	课外网络4	16	4		2×10					②⑥
	3	205003	毛泽东思想和中国特色社会主义理论体系概论1	必修	B	2	32	22	课外网络10	16	6			2×11				②⑥
	4	205004	毛泽东思想和中国特色社会主义理论体系概论2	必修	B	2	32	22	课外网络10	16	6				2×11			②⑥
人文素质教育课程	5	205005	民族理论与民族政策	必修	A	1	16	16		16	0	2×8						②⑥
	6	205006	形势与政策教育	必修	A	1	64	16	课外网络32 课外实践16	16	0	2×2	2×2	2×2	2×2			②⑥
	7	065001	大学英语1	必修	A	2.5	56	28	课外网络28	28	0	2×14						②③
	8	065002	大学英语2	必修	A	2.5	56	28	课外网络28	28	0		2×14					②③
	9	215001	体育与健康1	必修	B	1.5	30	24	体测6	2	22	2×12						⑥

（续）

项目模块	序号	课程代码	课程名称	课程属性	课程类型	课程学分	教学总学时	排课学时	集中实践	课内理论	课内实践	一学期 14周	二学期 17周	三学期 13周	四学期 15周	五学期 12周	六学期 一	教学场所
人文素质教育课程	10	215002	体育与健康2	必修	B	1.5	24	24		2	22	2×12						⑥
	11	215003	体育选项1	必修	B	1.5	30	24	体测6	2	22		2×12					⑥
	12	215004	体育选项2	必修	B	1.5	24	24		2	22				2×12			⑥
	13	045002	高等数学	必修	A	4.5	72	72		72	0	5×15						①
	14	244001	军事训练	必修	C	2	60	60	2周	0		30×2						⑥
	15	214005	军事理论	必修	A	1	16	16		16	0	2×8						②
	16	224001	大学生健康教育	必修	B	2	32	32		26	6		2×16					②⑥
	17	254001	大学生职业发展与就业指导1	必修	B	1	16	16		14	2	2×8						②⑥
	18	254002	大学生职业发展与就业指导2	必修	B	1	16	16		12	4				2×8			②⑥
	19		大学生创新创业基础	必修	B	2	24	24	课外网络8	24	0							②
专业大类基础课程	20	034037	识图及手工绘图	必修	B	5	80	80		56	24	6×14						②④
	21	094001	钳工实习	必修	C	1	30	30	1周	0			30×1					⑥
	22	024060	电气工程基础	必修	B	3.5	56	56		40	16		4×14					②⑥
	23	054008	工程材料与热加工基础	必修	B	3.5	56	56		48	8	4×14						②⑥
	24	014002	公差配合与测量技术	必修	B	3.5	56	56		48	8		4×14					②⑥
	25	014001	冷加工实习	必修	C	2	60	60	2周	0	0			30×2				⑥
	26	053003	热加工实习	必修	C	1	30	30	1周	0	0	30×1						⑥

类别	序号	课程代码	课程名称	课程性质	考核	学分	学时	学时	周数	理论学时	实践学时	周学时1	周学时2	周学时3	周学时4	周学时5	开课学期
专业课程	27	034041	机械技术应用基础	必修	B	4	64	64		48	16				4×16		②⑥
	28	014211	质量检测认识实习	必修	C	1	30	30	1周	0		30×1					⑧
	29	014303	计算机辅助绘图	必修	B	2	32	32		18	14				4×8		⑤
	30	014204	误差理论与数据处理	必修	B	2	32	32		28	4				4×8		②⑥
	31	014502	通用量具使用实训	必修	C	1	30	30	1周	0					30×1		⑧
	32	014322	机械制造技术	必修	B	4.5	72	72		56	16			6×12			②⑥
	33	014213	企业生产实习	必修	C	1	30	30	1周	0				30×1			⑧
	34	014214	机械产品检验实习	必修	C	4	120	120	4周	0			30×4				⑧
专业核心课程	35	014201	计量仪器与检测	必修	B	3.5	56	56		42	14			4×14			②⑧
	36	014203	机械加工质量控制与检测	必修	B	3.5	56	56		52	4			4×14			②⑧
	37	014212	测量技术实训	必修	C	3	90	90	3周	0				30×3			⑧
	38	014206	量仪检定与调修技术	必修	B	3.5	56	56		40	16		4×14				②
	39	014503	几何量计量	必修	B	3	48	48		40	8		4×12				②⑧
专业综合能力课程	40	014215	毕业综合技能训练	必修	C	6	180	180	6周	0						30×6	②⑥
	41	014216	毕业顶岗实习	必修	C	16	480	480	16周	0						30×16	⑧
拓展类课程	42	014205	系内限选课（3选1+x） 模块一（机械产品质量控制与检验方向） 三坐标检测技术	必修	B	2	32	32		18	14		4×8	4×8			⑧

（续）

项目模块	序号	课程代码	课程名称	课程属性	课程类型	课程学分	教学总学时	排课学时	集中实践	课内理论	课内实践	一学期14周	二学期17周	三学期13周	四学期15周	五学期12周	六学期一	教学场所
拓展类课程	43	014321	模块一（机械产品质量控制与检验方向）机械CAD/CAM	必修	B	3.5	56	56		36	20				4×14			⑤
	44	014202	机械产品质量检验	必修	B	3.5	56	56		52	4				4×14			②⑧
	45	014501	计量技术基础	必修	B	3.5	56	56		52	4		4×14					②⑧
	46	014220	系内限选课（3选1+x）模块二（现代检测技术应用方向）现代测量技术	限选	B	3	48	48		24	24					4×12		②⑥
	47	014321	先进制造技术	限选	B	2.5	40	40		20	20					4×10		②⑥
	48	014222	无损检测与理化检验	限选	B	2.5	40	40		36	4					4×10		②⑥
	49	014207	ISO9000质量管理体系	限选	B	2	32	32		30	2					4×8		②⑥
	50	014225	精密检测岗位实习	限选	C	1	30	30	1周	0						30×1		⑧

序号	课程代码	课程名称	课程属性	考核	学分									
51	014230	质量管理信息系统（SPC）	限选	B	2.5	40	40				20	20		
52	014231	现代质量控制与管理（系内限选课（3选1+x）；模块三（现代质量管理））	限选	B	3	48	48			40	8			
53	014232	工业企业生产管理	限选	B	2	32	32			26	6			
		创新创业选修课	任选		3									
		全院任意选修课（美育、德育、安全教育）	任选		7									
		开设课程合计			152	2790	2910	2638	1170	1108	360	452	488	438	490	370	480

拓展类课程

教学总学时：2790　实践教学学时：1530　理论教学平均周学时：23.71　25.18　18　20.93　13.33　—

开设总学分：144.5　实践教学学时占总学时之比：54.84%　学期课程门数：13　14　9　10　6　1

说明：课程属性"必修"表示必修课；"限选"表示限选课；"任选"表示任意选课。

教学场所 ①—普通课室 ②—多媒体课室 ③—语音课室 ④—制图课室 ⑤—机房 ⑥—实训实验场所 ⑦—体育场所 ⑧—企业

全院任意选修课：见《全院任意选修课程一览表》。

 现代学徒制课程标准

"测量技术实训"课程标准

课程标准是学院依据专业人才培养方案课程设置,对课程培养目标、定位、教学内容、学时安排等做出规定的教育指导性文件。它是编写教材、实施教学与评价教学的依据,是管理和评价课程的基础。

课程标准中教学内容和学时,可根据具体教学需要做适当的调整和补充。

一、课程基本信息

课程基本信息见表1-33。

表1-33　课程基本信息

课程名称	测量技术实训	课程代码	014212
课程类型	C	课程性质	必修
总学时	90	学分	3
实践学时	90	实践学时比例	100%
适用专业	机械产品检测检验技术		
备注信息			

二、课程定位

本课程是机械产品检测检验技术专业的核心课程,在专业人才培养方案中处于核心地位,对于计量检验员岗位应具备的检定、操作能力的培养起到重要的作用。本课程的任务要求是在掌握计量仪器工作原理的基础上,根据图样所提出公差要求和实训室设备情况,制定检测方案并对零件进行检测,并能对仪器进行日常维护与简单的故障诊断。本课程的教学内容设计及教学方法符合现场应用特点,理论联系实际,提高动手能力,加强学习内容的深入性。

前期课程:"识图及手工绘图""公差配合与测量技术""计量仪器与检测""几何量计量""机械加工质量控制与检测"。

后续课程:"企业生产实习""机械产品检验实训""毕业综合技能训练""毕业顶岗实习"。

三、课程教学设计思路

由于本课程要求学生具备相当多的前期知识,加上课程所用的量仪较多,所以课程学习难度较大。本课程采用"项目驱动,案例教学,一体化课堂"的教学模式开展教学。整个课程由7个完整的项目驱动,90课时内完成教师与学生互动的讲练结合教学过程。指导学生按实际工作步骤和内容完成一个完整的工作任务,让学生在做的过程中掌握操作方法和技能,并在操作过程中产生知识需求时引入相关的理论知识。课程的任务驱动型教学过程全部安排在设施先进的实训室进行,教学中以学生为中心,教师全程负责讲授知识、答疑解惑、指导项目设计,充分调动师生双方的积极性,实现教学目标。

四、课程目标

通过"测量技术实训"课程的学习,重点培养学生以下能力:熟悉机械制图的能力;掌握计量仪器工作原理及使用方法;掌握检测方案的制定过程及方法;熟悉计量仪器的日常维护与简单的故障诊断;培养良好的职业道德和职业意识。在具有必备的基本理论知识和专业知识的基础上,通过工学结合的教学组织形式改革,使学生重点掌握从事本专业领域实际工作的基本能力和基本技能，具备相关岗位适应能力和相关领域的活动能力。

1．知识目标

1）掌握机械图样的识图能力。

2）掌握计量仪器的工作原理及使用方法。

3）掌握典型零件检测方案的制定。

4）熟悉计量仪器的日常维护与简单的故障诊断。

2．技能目标

1）具有正确分析图样技术要求的能力。

2）能按照图样要求、设备情况合理制定检测方案。

3）能根据检测方案对零件进行检测。

4）能在计量仪器使用过程中进行简单的故障诊断。

3．素质目标

1）学生要了解我国机械发展史，树立强烈的民族自尊心和自信心。

2）学生要有崇尚科学、追求真理、锐意进取的高尚品质，在学习和实践中培养求真务实、踏实严谨的工作作风。

3）学生要有独立思考的学习习惯，要严格遵循行业标准和机械设计国家标准，树立良好的职业道德。

4）建立文明生产、安全操作意识和产品质量意识。

5）掌握适量的相关专业英语词汇。

五、课程教学内容、要求及学时分配

课程教学内容、要求及学时分配见表1-34。

表1-34　课程教学内容、要求及学时分配

序号	实训项目	主要内容	时间分配
1	长度测量	任务1　用万能测长仪测量内径 任务2　用大型工具显微镜测量小孔 任务3　用立式光学比较仪测量塞规 任务4　用内径指示表测量孔径	2天
2	角度测量	任务5　用万能角度尺测量工件角度 任务6　用正弦规测量锥度塞规 任务7　用自准直仪测量直线度	2天
3	几何量测量	任务8　用指示表和平板检测平面度 任务9　圆度误差的测量 任务10　位置误差的测量 任务11　跳动误差的测量	3天
4	表面粗糙度测量	任务12　用光切显微镜测量表面粗糙度 任务13　用干涉显微镜测量表面粗糙度 任务14　用表面粗糙度分析仪测量表面粗糙度	2天
5	螺纹测量	任务15　用螺纹千分尺测量普通外螺纹中径 任务16　用三针法测量外螺纹中径 任务17　用影像法测量螺纹参数	2天

（续）

序号	实训项目	主要内容	时间分配
6	齿轮测量	任务18　齿轮径向跳动的测量 任务19　齿轮公法线长度的测量 任务20　齿轮双面啮合综合测量仪综合测量齿轮径向参数	2天
7	精密测量	任务21　用测高仪测量高度参数 任务22　用万能测长仪综合测量	2天
合计			3周

六、课程教学实施建议

1. "双导师"师资要求

（1）学校导师　本课程教学团队要求至少有两名主讲教师，需要熟练掌握量仪的工作原理和结构，具备各计量仪器操作的能力，主要要求包括：

1）熟练掌握本课程所要求的所有前期课程的知识。

2）熟悉量仪的工作原理和结构。

3）具备计量仪器操作及常见故障排除的能力。

本课程主讲教师应具备较丰富的教学经验。在教学组织能力方面，本课程的主讲教师应具备基本的设计能力，即根据本课程标准制定详细的课程授课计划，对每一堂课的教学过程精心设计，做出详细、具体的安排，写出教案；还应该具备较强的施教能力，即掌握扎实的教学基本功并能够因材施教，在教学过程中还应具备一定的课堂控制能力和应变能力。

（2）企业导师（师傅）　企业师傅主要来自现代学徒制合作企业——内蒙古第一机械集团有限公司计量检测中心。企业师傅要求具备如下条件：

1）思想道德好，热爱本职工作，吃苦耐劳、敬业爱岗，具有强烈的事业心和责任感，具备良好的职业道德。

2）技术业务精，从事几何量检定与调修岗位工作3年以上（含3年），能胜任本职工作，能认真学习，刻苦钻研业务，具有大专及以上学历或中级及以上职业技术资格等级，具有熟练的操作技能、专业特长，并且是经验丰富的技术骨干。

3）具有良好的职业道德和协作意识，工作认真负责，具有奉献精神，能服从学校和企业的管理，遵守企业和学校的各项教学规章制度。

2. 学校和企业学习场地、设施要求

（1）学校　本课程为C类纯实践课程，是机械质量管理与检测技术专业的一门综合类实训课程，所以在教学过程中应配备专业的理实一体化教室。

理实一体的专业教室应配有如下设备和仪器。

测量工作台：10张。

机械量仪：游标类、螺旋副类、表类等各10套。

光学量仪：光学比较仪、万能测长仪、万能工具显微镜等各1台。

电动量仪：表面粗糙度检查仪、圆柱度仪、测高仪等各1台。

（2）企业　实习单位能保证能接收20人实习场地，每个场地安排4个岗位，每个岗位1～3名学徒，1个师傅。企业实习场地应配有如下设备和仪器。

测量工作台：10 张。

机械量仪：游标类、螺旋副类、表类等各 10 套。

光学量仪：光学比较仪、万能测长仪、万能工具显微镜等各 1 台。

电动量仪：表面粗糙度检查仪、圆柱度仪、测高仪等各 1 台。

3. 教材及参考资料

（1）教材选用或编写　教材选取应遵循"包头职业技术学院教材建设与管理办法"的教材选用原则。学校和企业必须依据本课程标准的要求选用或编写教材。教材应充分体现课程设计思想，满足课程内容的需要和岗位职责的要求；教材内容应符合国家职业标准，体现教学过程的实践性、开放性和职业性；要将本专业领域新技术、新工艺、新设备纳入教材中，体现教材的时代性。鼓励编写与教学相适应的学习指导教材，吸纳企业专家与学校教师合作编写教材。

（2）推荐教材

王丽. 公差配合与技术测量实训［M］. 北京：北京工业大学出版社，2010.

（3）教学参考资料

1）张秀珍，晋其纯. 机械加工质量控制与检测［M］. 2 版. 北京：北京大学出版社，2016.

2）何频，郭连湘. 计量仪器与检测：上［M］. 北京：化学工业出版社，2006.

3）《计量测试技术手册》编写委员会. 计量测试技术手册［M］. 北京：中国计量出版社，2010.

4）机械检测网 http://www.55jx.com。

鉴于网页地址可能会更改，您可能需要核对该链接，使用搜索工具找出更新的链接。

4. 教学资源开发建设

1）建立教学资源库，丰富教学资源。

2）完善课程教学文件建设，并实现共享。

3）加强学生与教师的紧密联系，建立多种互动平台。

5. 教学方法与手段

本课程采用任务驱动型教学法实施教学：将每个项目分成若干子工作任务，每个工作任务按照"资讯—决策—计划—实施—检查—评价"六步法来组织教学，学生在教师指导下制定方案、实施方案，最终由教师评价学生。教学过程充分体现以学生为中心的特色，老师主要起引导作用。6 个环节环环相扣，知识递进，充分体现学生的认知规律。

教学过程以学生为主体，教师进行适当讲解，并进行引导、监督、评价。

教师应提前准备好各种媒体学习资料、任务工单、教学课件，并准备好教学场地和设备。

七、质量保障

1）建立现代学徒制企业课程建设和教学过程质量监控机制，对各主要教学环节提出明确的质量要求和标准，通过教学实施、过程监控、质量评价和持续改进，达成课程目标。

2）完善现代学徒制教学管理机制，加强日常教学组织运行与管理，建立健全巡课和听课制度，严明教学纪律。

3）建立学徒学生跟踪反馈机制及社会评价机制，定期评价人才培养质量和培养目标达成情况。

4）充分利用评价分析结果有效改进现代学徒制企业课程建设，持续提高人才培养质量。

八、课程考核

课程考核见表1-35。

表1-35　课程考核

姓名		专业		班级	
学号		工作岗位			
学生 自我 鉴定					
导师 评价	评价项目	分值	评价参考标准		得分
	职业素养	5	有良好的职业道德和敬业精神，服务态度好		
	学习态度	5	接受指导教师的指导，虚心好学，勤奋、踏实		
	工作态度	10	工作积极主动，认真负责，踏实肯干，善始善终		
	人际关系	5	对人热情有礼，尊重指导教师及单位领导		
	沟通能力	10	能积极主动与顾客沟通，理清顾客需求。能根据不同的沟通对象和环境采取不同的沟通方式，达到沟通目的		
	协作能力	10	能正确处理好个人与集体的关系，有团队合作精神		
	创新意识	5	善于总结求新，能提出有建设性的意见或建议		
	心理素质	10	能自我调节工作中的不良情绪，以乐观积极的心态投入工作		
	专业技能	25	操作规范，岗位技能娴熟，顾客满意度高		
	服务意识	15	以热情友好的态度接待顾客，耐心解答顾客咨询，以最佳的情绪和态度服务顾客，使顾客时刻感受到体贴周到的服务		
	企业导师签名：　　　　　学校导师签名：　　　　　　　年　月　日				
学校 评价	□ 优秀（90）　　□ 良好（80）　　□ 中等（70）　　□ 合格（60）　　□ 不合格（60分以下） 专业负责人签字：　　　　　　　　　　　　　　　　　　年　月　日				
企业 评价	□ 很满意（90）　　□ 满意（80）　　□ 一般（70～60）　　□ 不满意（60分以下） 部门负责人签字：　　　　　　　　　　　　　　　　　　年　月　日				

编制人：秦晋丽⊖、樊瑞昕⊖、孙鹏图⊜

审核人：韩丽华⊖、王慧⊖

⊖ 为包头职业技术学院导师。

⊖ 为内蒙古第一机械集团有限公司计量检测中心企业导师。

⊜ 为丰达石油装备股份有限公司企业导师。

"机械产品检验实训"课程标准

课程标准是学院依据专业人才培养方案课程设置，对课程培养目标、定位、教学内容、学时安排等做出规定的教育指导性文件。它是编写教材、实施教学与评价教学的依据，是管理和评价课程的基础。

课程标准中教学内容和学时，可根据具体教学需要做适当的调整和补充。

一、课程基本信息

课程基本信息见表1-36。

表1-36　课程基本信息

课程名称	机械产品检验实训	课程代码	014214
课程类型	C	课程性质	必修
总学时	120	学分	4
实践学时	120	实践学时比例	100%
适用专业	机械产品检测检验技术		
备注信息			

二、课程定位

本课程是机械产品检测检验技术专业的专业核心课程，在专业人才培养方案中处于核心地位。本课程在对本专业现代学徒制3家合作企业5个主体培养岗位进行岗位能力需求分析、论证的基础上，以计量检验员岗位机械产品检测检验技术能力提升为主要培养目标。该课程的任务是在掌握仪器设备工作原理的基础上，根据国家标准和仪器设备情况，制定检定方案并对机械产品进行检定，并能对仪器设备进行日常维护与简单的故障诊断。本课程的教学内容设计及教学方法符合现场应用特点，理论联系实际，提高动手能力，加强学习内容的深入性。

前期课程："识图及手工绘图""公差配合与测量技术""计量仪器与检测""机械加工质量控制与检测""三坐标检测技术""量仪检定与调修技术"。

后续课程："毕业综合技能训练""毕业顶岗实习"。

三、课程教学设计思路

由于本课程要求学生具备相当多的前期知识，加上实训所用的量仪设备较多，所以课程学习难度较大。本课程采用"项目驱动，案例教学，工学结合"的教学模式开展教学。整个课程由4个完整的项目驱动，120课时内完成教师与学生互动的讲练结合教学过程。指导学生按实际工作步骤和内容完成一个完整的工作任务，让学生在做的过程中掌握操作方法和技能，并在操作过程中产生知识需求时引入相关的理论知识。课程的任务驱动型教学过程全部安排在设施先进的计量检测中心进行，教学中以学生为中心，教师全程负责讲授知识、答疑解惑、指导项目设计，充分调动师生双方的积极性，实现教学目标。

四、课程目标

通过"机械产品检验实训"课程的学习，重点培养学生以下能力：熟悉各种量具的检定规程及方法；掌握表面粗糙度的检定规程及方法；掌握检定仪器设备的工作原理及使用方法；熟悉仪器设备的日常维护与简单的故障诊断；培养良好的职业道德和职业意识。在具有必备的基本理论知识和专业知识的基础上，通过工学结合的教学组织形式改革，使学生重点掌握从事本专业领域实际工作的基本能力和基本技能，具备相关岗位适应能力和相关领域的活动能力。

1. 知识目标

1）掌握各种量具的检定规程及方法。

2）掌握表面粗糙度的检定规程及方法。

3）掌握检定仪器设备的工作原理及使用方法。

4）熟悉仪器设备的日常维护与简单的故障诊断。

2. 技能目标

1）具有正确分析检定规程要求的能力。

2）能按照国家标准、设备情况合理制定检定方案。

3）能根据检测方案对机械产品进行检定。

4）能在仪器设备使用过程中进行简单的故障诊断。

3. 素质目标

1）学生要了解我国机械发展史，树立强烈的民族自尊心和自信心。

2）学生要有崇尚科学、追求真理、锐意进取的高尚品质，在学习和实践中培养求真务实、踏实严谨的工作作风。

3）学生要有独立思考的学习习惯，要严格遵循行业标准和机械设计国家标准，树立良好的职业道德。

4）建立文明生产、安全操作意识和产品质量意识。

5）掌握适量的相关专业英语词汇。

五、课程教学内容、要求及学时分配

课程教学内容、要求及学时分配见表1-37。

表1-37　课程教学内容、要求及学时分配

序号	实训项目	主要内容	时间分配
1	标准量具的检定	任务1　量块的检定 任务2　角度量块的检定 任务3　三线法螺纹中径的检定 任务4　内径千分尺的检定	4.5天
2	万能量具的检定	任务5　游标类量具的检定 任务6　螺旋测微类量具的检定 任务7　指示表类量具的检定	4.5天
3	专用量具的检定	任务8　用指示表和平板检测平面度 任务9　圆度误差的测量 任务10　位置误差的测量 任务11　跳动误差的测量	4.5天
4	表面粗糙度的检定	任务12　用光切显微镜测量表面粗糙度 任务13　用干涉显微镜测量表面粗糙度 任务14　用表面粗糙度分析仪测量表面粗糙度	5天
		合计	4周

六、课程教学实施建议

1. 师资要求

本课程教学团队要求至少有两名主讲教师，需要熟练掌握量仪的工作原理和结构，具备各计量仪器操作的能力，主要要求包括：

1）具有熟练掌握本课程所要求的所有前期课程的知识。

2）熟悉量仪的工作原理和结构。

3）具备操作计量仪器和排除计量仪器常见故障的能力。

本课程主讲教师同时应具备较丰富的教学经验。在教学组织能力方面，本课程的主讲教师应具备基本的设计能力，即根据本课程标准制定详细的课程授课计划，对每一堂课的教学过程精心设计，做出详细、具体的安排，写出教案；还应该具备较强的施教能力，即掌握扎实的教学基本功并能够因材施教，在教学过程中还应具备一定的课堂控制能力和应变能力。

2. 学习场地、设施要求

本课程为 C 类纯实践课程，是机械产品质量检测与管理专业的一门综合类实训课程，所以在教学过程中应配备专业的理实一体化教室。

理实一体化专业教室应配有如下设备和仪器。

测量工作台：10 张。

机械量仪：游标类、螺旋副类、表类等各 10 套。

光学量仪：光学比较仪、万能测长仪、万能工具显微镜等各 1 台。

电动量仪：表面粗糙度检查仪、圆柱度仪、测高仪等各 1 台。

3. 教材及参考资料

（1）教材选用或编写　教材选取应遵循"包头职业技术学院教材建设与管理办法"的教材选用原则。学校和企业必须依据本课程标准的要求选用或编写教材。教材应充分体现课程设计思想，满足课程内容的需要和岗位职责的要求；教材内容应符合国家职业标准，体现教学过程的实践性、开放性和职业性；要将本专业领域新技术、新工艺、新设备纳入教材中，体现教材的时代性。鼓励编写与教学相适应的学习指导教材，吸纳企业专家与学校教师合作编写教材。

（2）推荐教材

王丽. 公差配合与技术测量实训［M］. 北京：北京工业大学出版社，2010.

（3）教学参考资料

1）张秀珍，晋其纯. 机械加工质量控制与检测［M］. 2 版. 北京：北京大学出版社，2016.

2）何频，郭连湘. 计量仪器与检测：上［M］. 北京：化学工业出版社，2006.

3）《计量测试技术手册》编写委员会. 计量测试技术手册［M］. 北京：中国计量出版社，2010.

4）机械检测网 http://www.55jx.com。

鉴于网页地址可能会更改，您可能需要核对该链接，使用搜索工具找出更新的链接。

4. 教学资源开发建设

1）建立教学资源库，丰富教学资源。

2）完善课程教学文件建设，并实现共享。

3）加强学生与教师的紧密联系，建立多种互动平台。

5. 教学方法与手段

本课程采用任务驱动型教学法实施教学：将每个项目分成若干子工作任务，每个工作任务按照"资讯—决策—计划—实施—检查—评价"六步法来组织教学，学生在教师指导下制定方案、实施方案，最终由教师评价学生。教学过程充分体现以学生为中心，老师主要起引导作用。6个环节环环相扣，知识递进，充分体现学生的认知规律。

教学过程以学生为主体，教师进行适当讲解，并进行引导、监督、评价。

教师应提前准备好各种媒体学习资料，任务工单，教学课件，并准备好教学场地和设备。

七、课程考核

课程考核见表 1-38。

表 1-38　课程考核

考 核 点		考核比例	评价标准				
			优秀 (90~100)	良好（80~89）	中等 (70~79)	及格 (60~69)	不及格 (60 以下)
1. 态度纪律	实训期间的出勤情况；学习态度情况；团队协作情况	15%	没有缺勤情况；认真对待实训，听从教师安排；能与小组成员进行充分协作	缺勤 5% 以下；认真对待实训，听从教师安排；能与小组成员进行充分协作	缺勤 10% 以下；认真对待实训，听从教师安排；能与小组成员进行一定程度的协作	缺勤 15% 以下；听从教师安排；能与小组成员进行一定程度的协作	缺勤 15% 以上；听从教师安排
2. 实训项目测试	检测方案的制定；量具、仪器使用；实训过程的完整性；测量结果准确	50%	100% 完成实训任务；检测方案制定合理；能正确使用量具、仪器；实训过程比较完整；正确记录测量结果	80% 完成实训任务；检测方案制定合理；能比较正确地使用量具、仪器；实训过程比较完整；正确记录测量结果	70% 完成实训任务；检测方案制定比较合理；能比较正确地使用量具、仪器；实训过程基本完整；正确记录测量结果	60% 完成实训任务；能在小组成员的帮助下完成项目任务	不能完成实训任务
3. 创新能力	主动发现问题、分析问题和解决问题情况；是否有创新；是否采用优化方案	15%	能够独立分析、解决问题，分析问题透彻；解决问题方式正确、高效；实训项目有创新	能够独立分析、解决问题；解决问题方式正确、高效	能够独立分析、解决问题；能够借助常用的量仪获取有用信息	分析、解决问题能力一般；能够在他人的帮助下完成实训	分析、解决问题能力一般；不能完成实训
4. 实训报告	实训报告书写是否规范	10%	实训报告规范	实训报告比较规范	实训报告比较规范	能完成实训报告	不能完成实训报告

（续）

考 核 点		考核比例	评 价 标 准				
			优秀 （90~100）	良好（80~89）	中等 （70~79）	及格 （60~69）	不及格 （60以下）
5. 表达 沟通	项目陈述情 况；回答问题 情况	10%	表达能力 强，条理清 楚；能够正确 回答所提问 题，思路敏捷	表达能力较 强，条理清 楚；能够正确 回答所提问题	能够正确阐 述实训过程； 能够回答所提 问题，没有原 理性错误	表达能力一 般；能够回答 所提问题，没 有原理性错误	表达能力一 般；回答问题 条理不太清晰
合计		100%					

编制人：王慧○、赵文睿○、孙鹏图○、白艳荣⑩

审核人：韩丽华○、秦晋丽○

"机械加工质量控制与检测" 课程标准

　　课程标准是学院依据专业人才培养方案课程设置，对课程培养目标、定位、教学内容、学时安排等做出规定的教育指导性文件。它是编写教材、实施教学与评价教学的依据，是管理和评价课程的基础。

　　课程标准中教学内容和学时，可根据具体教学需要做适当的调整和补充。

一、课程基本信息

　　课程基本信息见表1-39。

表1-39　课程基本信息

课程名称	机械加工质量控制与检测	课程代码	014203
课程类型	B	课程性质	必修
总学时	56	学分	3.5
实践学时	4	实践学时比例	7.14%
适用专业	机械产品检测检验技术		
备注信息			

二、课程定位

　　本课程是机械产品检测检验技术专业的一门核心课程，在专业人才培养方案中处于核心地位。本课程是在对专业人才市场需求和就业岗位进行调研、分析的基础上，以机械产品检测与质量控制岗位能力和综合职业素质为重点培养目标而设立。本课程以机械制造工艺为主线，阐述机械加工过程和装配过程中的质量控制及其检验技术。在学生具备一定的机械加工

　　○　为包头职业技术学院导师。

　　○　为内蒙古第一机械集团有限公司计量检测中心企业导师。

　　○　为丰达石油装备股份有限公司企业导师。

　　⑩　为天津立中集团包头盛泰汽车零部件制造有限公司企业导师。

基础知识、机械产品几何量精度设计知识的基础上，主要介绍机械加工和检验的基础知识、几何量的检测、毛坯的类型与检验、典型零件加工质量以及装配质量控制与检验，使学生掌握机械加工质量控制和检测的基本技术和方法，并能应用到实践中，且能按照所学技术策略和方法进行检验工作，完成检验任务。

前期课程："工程材料与热加工基础""公差配合与测量技术""机械技术应用基础""误差理论与数据处理""质量检测认识实习"等专业基础课程和专业课程。

后续课程："ISO 9000质量管理体系""三坐标检测技术""机械CAD/CAM""量仪检定与调修技术""机械产品检验实训""毕业顶岗实习""毕业综合技能训练"等相关课程。

三、课程教学设计思路

由于本课程要求学生具备相当多的前期知识，加上课程所用的量仪较多，所以课程学习难度较大。本课程采用"项目驱动，案例教学，一体化课堂"的教学模式开展教学。整个课程由6个完整的项目驱动。结合学生已有的学习基础和学习风格，按照"教、学、做一体化"的原则，采用案例教学、任务驱动、现场教学、讨论和小组学习等教学方法和组织形式来调动学生积极性。课程的理实一体化教学过程全部安排在专业教室进行，教学中以学生为中心，教师全程负责讲授知识、指导操作。教学过程中注重培养学生文明生产的习惯，树立良好的安全意识和职业道德意识，培养创新意识和科学的工作方法，将理论与实践教学融为一体，实现对学生的知识-能力-素质的系统化培养。同时系统化规范教学环境条件，对校企合作、实训基地、专兼结合的"双师"团队、教材等进行系统规划，保障课程的有效实施。

四、课程目标

通过"机械加工质量控制与检测"课程的学习，使学生认识和了解机械加工和检验的基础知识、几何量的检测、毛坯的类型与检验、典型零件加工质量以及装配质量控制与检验，初步具有对加工质量进行控制和检验的能力；帮助学生养成独立思考、崇尚科学的学习习惯，严格遵守行业标准和国家标准，以及求真务实、踏实严谨的职业习惯，为从事计量测试工作奠定基础。

1. 知识目标

1）系统掌握加工质量控制的相关基础知识及几何量检验方法。

2）掌握机械零件结构特征（如内径、外径、孔系、螺纹、曲面、齿形等）的检验方法。

3）掌握典型零件加工及装配过程的质量控制与检验。

4）掌握质量管理的基本知识，了解常用质量控制方法和检验方法的基本应用。

2. 能力目标

1）具备正确分析图样技术要求，合理选择检测方法和工具进行产品检测的能力。

2）具备应用质量控制方法，预防产品质量缺陷，控制工序质量的能力。

3）具备针对具体加工质量问题，提出质量改进措施的初步能力。

3. 素质目标

1）学生要了解我国机械发展史，树立强烈的民族自尊心和自信心。

2）学生要有崇尚科学、追求真理、锐意进取的高尚品质，在学习和实践中培养求真务实、踏实严谨的工作作风。

3）学生要有独立思考的学习习惯，要严格遵循行业标准，树立良好的职业道德。

4）建立文明生产、安全操作意识和产品质量意识。

5）掌握适量的相关专业英语词汇。

五、课程教学内容、要求及学时分配

课程教学内容、要求及学时分配见表 1-40。

表 1-40　课程教学内容、要求及学时分配

课　题	学习单元	学习内容和要求	学时
1. 加工质量控制基础	1-1　零件的使用性能与加工质量 1-2　零件加工过程质量控制的影响因素 1-3　加工过程质量控制措施 1-4　几种典型零件的加工质量控制	知识点： （1）加工过程质量控制的影响因素 （2）加工过程质量控制措施 （3）典型零件的加工质量控制 技能点： （1）能够分析具体加工过程质量控制的影响因素 （2）能够结合实际加工过程采取质量控制措施	6
2. 检测技术基础	2-1　检测技术相关知识 2-2　常用计量器具及选用 2-3　检验误差及检验误差消除方法 2-4　检测用具的使用常识	知识点： （1）检测技术相关知识 （2）常用的计量器具及选用 （3）检验误差及其消除方法 （4）检验用具的使用维护常识 技能点： 能够合理选择计量器具并能正确进行使用及维护	8
3. 几何量检测	3-1　几何量类型 3-2　尺寸偏差检测 3-3　表面粗糙度检测 3-4　角度误差检测 3-5　形状误差检测 3-6　位置误差检测 3-7　螺纹精度检测	知识点： （1）几何量的类型 （2）尺寸偏差检测 （3）表面粗糙度的检测方法 （4）角度误差的检测方法 （5）形状误差和位置误差检测 技能点： （1）会查阅机械标准、规范、手册、图册等有关技术文献 （2）能够合理选择几何量的检测方法	12
4. 各类毛坯的检测	4-1　轧制件（型材）的检测 4-2　铸件毛坯的检测 4-3　锻件毛坯的检测	知识点： （1）轧制件（型材）的检测 （2）铸件毛坯的检测 （3）锻件毛坯的检测 技能点： （1）能够结合实际进行轧制件（型材）的检测 （2）能够结合实际进行铸件毛坯的检测	4

（续）

课　题	学习单元	学习内容和要求	学时
5. 典型零件的加工质量控制与检测	5-1　丝杠 5-2　变速箱箱体 5-3　圆柱齿轮 5-4　密封套 5-5　变速箱高速轴	知识点： 下列典型零件的加工质量控制与检测 （1）丝杠 （2）变速箱箱体 （3）圆柱齿轮 （4）密封套 （5）变速箱高速轴 技能点： （1）能够结合实际完成上述典型零件的质量控制与检测 （2）能进行变速箱箱体及高速轴的检测	18
6. 装配质量控制与检测	6-1　装配的相关概念 6-2　装配精度检测基础 6-3　升降台式铣床装配精度检测	知识点： （1）装配精度的内容和获得方法 （2）装配精度的检测工具及检测措施 技能点： 能够合理地进行升降台式铣床装配精度的检测	8
合计			56

六、课程教学实施建议

1. 师资要求

本课程教学团队要求至少有两名主讲教师，需要熟练掌握机械加工质量控制的具体措施，具备综合运用各种检测技术进行检验的能力，主要要求包括：

1）具有高校教师资格。

2）熟练掌握本课程所要求的所有前期课程的知识。

3）具备应用多种几何量计量器具进行检测的能力。

4）熟悉企业检测或质量控制技术的发展动态，具备一定的解决产品检测和质量管理方面的实际问题的能力。

本课程主讲教师同时应具备较丰富的教学经验。在教学组织能力方面，本课程的主讲教师应具备基本的教学设计能力，即根据本课程标准制定详细的课程授课计划，对每一堂课的教学过程精心设计，做出详细、具体的安排；还应该具备较强的因材施教能力、课堂控制能力和应变能力。

2. 学习场地、设施要求

本课程要求在多媒体教室、实验室完成，以实现"教、学、做一体化"。实施本课程实践教学，校内实习实训硬件环境具体要求如下。

理实一体化的专业教室：1 间。

测量工作台：10 张。

机械量仪：游标类、螺旋副类、表类等各 10 套。

光学量仪：光学比较仪、万能测长仪、万能工具显微镜、光切显微镜等各 1 台。

电动量仪：表面粗糙度检查仪、圆柱度仪、测高仪等各1台。

相关标准和技术资料：1套。

3. 教材及参考资料

（1）教材选用或编写　教材选取应遵循"包头职业技术学院教材建设与管理办法"的教材选用原则。学校和企业必须依据本课程标准的要求选用或编写教材。教材应充分体现课程设计思想，满足课程内容的需要和岗位职责的要求；教材内容应符合国家职业标准，体现教学过程的实践性、开放性和职业性；要将本专业领域新技术、新工艺、新设备纳入教材中，体现教材的时代性。鼓励编写与教学相适应的学习指导教材，吸纳企业专家与学校教师合作编写教材。

（2）推荐教材

张秀珍，晋其纯. 机械加工质量控制与检测［M］. 2版. 北京：北京大学出版社，2016.

（3）教学参考资料

1）钟翔山，等. 冲压加工质量控制应用技术［M］. 北京：机械工业出版社，2011.

2）郭连湘，黄小平. 机械零件加工质量检测［M］. 北京：高等教育出版社，2012.

3）胡国强. 机械零件质量检测经验实例［M］. 北京：国防工业出版社，2010.

4）机械检测网 http://www.55jx.com。

鉴于网页地址可能会更改，您可能需要核对该链接，使用搜索工具找出更新的链接。

4. 教学资源开发建设

1）建立教学资源库，丰富教学资源。

2）完善课程教学文件建设，并实现共享。

3）加强学生与教师的紧密联系，建立多种互动平台。

5. 教学方法与手段

本课程教学过程中，可灵活运用集中讲授、多媒体教学、案例教学、现场教学、小组讨论、操作示范等多种教学方法来实现教学目标，使学生有效地掌握所需的知识、必备的技能和策略方法，培养学生的岗位能力和职业素养。

教学过程中体现以学生为主体，教师进行适当讲解，并进行引导、监督、评价。

教师应提前准备好各种媒体学习资料、教学课件，并准备好教学场地和设备。

七、课程考核

课程考核方式和期末考试考核标准见表1-41、表1-42。

表1-41　课程考核方式

考核项目		考核方法	比例
过程考核	态度纪律	根据作业完成情况、课堂回答问题、课堂实践示范、上课考勤情况以及实训报告完成情况等，由教师和学生干部综合评定学习态度纪律得分	25%
	单元测验	根据学生完成情况，由学生自评、他人评价和教师评价相结合的方式评定成绩	25%
终结考核	期末考试（笔试）	由教师评定成绩	50%
合计			100%

表 1-42　期末考试考核标准

序号	教 学 模 块	考核的知识点	比例
1	加工质量控制基础	（1）加工过程质量控制的影响因素 （2）加工过程质量控制措施以及典型零件的加工质量控制	15%
2	检测技术基础	（1）检测技术相关知识 （2）常用的计量器具及选用、检验误差及其消除方法 （3）检验用具的使用维护常识	20%
3	几何量检测	（1）几何量的类型、尺寸误差检测、角度误差检测以及形状误差检测 （2）表面粗糙度检测方法	20%
4	各类毛坯的检测	（1）轧制件（型材）的检测 （2）铸件毛坯的检测 （3）锻件毛坯的检测	10%
5	典型零件加工质量控制与检测	（1）丝杠、变速箱箱体、圆柱齿轮、密封套以及变速箱高速轴的加工质量控制与检测	25%
6	装配质量控制与检测	（1）装配精度的内容和获得方法 （2）装配精度的检测工具及具体检测措施	10%
	合计		100%

编制人：王慧⊖、樊瑞昕⊖、陈永波⊖

审核人：韩丽华⊖、秦晋丽⊖

"几何量计量"课程标准

课程标准是学院依据专业人才培养方案课程设置，对课程培养目标、定位、教学内容、学时安排等做出规定的教育指导性文件。它是编写教材、实施教学与评价教学的依据，是管理和评价课程的基础。

课程标准中教学内容和学时，可根据具体教学需要做适当的调整和补充。

一、课程基本信息

课程基本信息见表 1-43。

表 1-43　课程基本信息

课程名称	几何量计量	课程代码	014503
课程类型	B	课程性质	必修
总学时	48	学分	3
实践学时	8	实践学时比例	16.7%
适用专业	机械产品检测检验技术		
备注信息			

⊖ 为包头职业技术学院导师。

⊜ 为内蒙古第一机械集团有限公司计量检测中心企业导师。

⊜ 为丰达石油装备股份有限公司企业导师。

二、课程定位

本课程是机械产品检测检验技术专业的一门专业核心课程，在专业人才培养方案中处于重要地位。本课程在对专业人才市场需求和就业岗位进行调研、分析的基础上，以机械产品检测与质量控制岗位能力和综合职业素质为重点培养目标而设立。本课程主要阐述常用计量术语、常用几何量的检定和校准、常用几何量计量标准的考核准备、计量标准主要考核材料的编写。本课程所介绍的具体内容包括：常用计量术语的基础知识、几何量计量标准的命名及代码、常用几何量的检定和校准、常用几何量计量标准的考核准备、计量标准主要考核材料的编写、常用几何量计量标准考核等几何量计量的相关标准性内容，使学生掌握几何量计量的相关内容，初步具备几何量检定与校准、计量标准考核材料的编写能力并能应用到实践中，且能按照所学的理论内容完成几何量计量的相关工作任务。

前期课程："工程材料与热加工基础""公差配合与测量技术""机械技术应用基础""误差理论与数据处理""质量检测认识实习""企业生产实习""机械加工质量控制与检测""计量仪器与检测"等专业基础课程和专业课程。

后续课程："机械产品检验实训""现代测量技术""毕业综合技能训练""毕业顶岗实习"等专业课程。

三、课程教学设计思路

由于本课程要求学生具备相当多的前期知识，加上课程所涵盖的标准性内容较多，所以课程学习难度较大。本课程采用"项目驱动，案例教学，一体化课堂"的教学模式开展教学。整个课程由6个完整的教学模块进行驱动。结合学生已有的学习基础和学习风格，按照"教、学、做一体化"的原则，采用案例教学、任务驱动、现场教学、讨论和小组学习等教学方法和组织形式来调动学生积极性。课程的理实一体化教学过程全部安排在专业教室进行，教学中以学生为中心，教师全程负责讲授知识、指导操作。教学过程中注重培养学生文明生产的习惯，树立良好的安全意识和职业道德意识，培养创新意识和科学的工作方法，将理论与实践教学融为一体，实现对学生的知识-能力-素质的系统化培养。同时系统化规范教学环境条件，对校企合作、实训基地、专兼结合的"双师"团队、教材等进行系统规划，保障课程的有效实施。

四、课程目标

通过"几何量计量"课程的学习，重点培养学生掌握常用计量术语的基础知识、几何量计量标准的命名及代码、常用几何量的检定和校准、常用几何量计量标准的考核准备、计量标准主要考核材料的编写、常用几何量计量标准考核的相关内容，使学生初步具备几何量检定与校准、计量标准考核材料的编写能力，帮助学生养成独立思考、崇尚科学的学习习惯，严格遵守几何量计量标准，以及求真务实、踏实严谨的职业习惯，为从事几何量计量的相关工作奠定基础。

1. 知识目标

1）系统掌握常用计量术语的基础知识。

2）系统掌握几何量计量标准的命名及代码。

3）了解常用几何量计量标准的考核准备的具体内容。

4）掌握常用几何量的检定流程与检定校准。

2. 能力目标

1）具备正确编写计量标准主要考核材料的能力。

2）初步具备几何量检定与校准的能力。

3）具备针对具体几何量检定与校准流程提出改进措施的初步能力。

3. 素质目标

1）学生要了解我国机械发展史，树立强烈的民族自尊心和自信心。

2）学生要有崇尚科学、追求真理、锐意进取的高尚品质，在学习和实践中培养求真务实、踏实严谨的工作作风。

3）学生要有独立思考的学习习惯，要严格遵循行业标准，树立良好的职业道德。

4）建立文明生产、安全操作意识、产品质量意识。

五、课程教学内容、要求及学时分配

课程教学内容、要求及学时分配见表1-44。

表1-44　课程教学内容、要求及学时分配

课　　题	学习单元	学习内容和要求	学时
1. 常用计量术语的理解	1-1　测量的术语 1-2　测量结果的术语 1-3　测量误差的概念与分类 1-4　计量标准的术语与定义	知识点： （1）测量的实质 （2）参与测量的五大要素 （3）测量误差的特点 （4）计量标准的相关术语 技能点： 能够判断具体测量要素，分析测量误差	4
2. 几何量计量标准的命名和校准	2-1　几何量量值传递系统的介绍 2-2　几何量计量标准的相关术语 2-3　几何量计量标准的常见的校准流程与校准方法	知识点： （1）几何量量值传递系统的特点 （2）几何量计量标准的相关术语 （3）几何量计量标准的常见的校准流程与校准方法 技能点： 能够根据要求对几何量计量标准进行校准	4
3. 常用几何量的检定与校准	3-1　计量技术法规的标准性内容 3-2　几何量检定与校准的具体实施 3-3　几何量检定与校准的注意事项	知识点： （1）计量技术法规的内容及其特点 （2）几何量检定与校准的具体操作 技能点： 能够对具体几何量进行检定与校准	12
4. 常用几何量计量标准的考核	4-1　建立计量标准的具体准备工作 4-2　建立计量标准的配置要求 4-3　几何量量值标准的溯源	知识点： （1）计量标准的具体准备内容 （2）计量标准的配置要求的建立 （3）几何量量值标准的溯源手段 技能点： （1）能够根据要求建立计量标准的配置 （2）能够对几何量量值进行溯源	8

（续）

课　题	学习单元	学习内容和要求	学时
5. 计量标准主要考核材料的编写	5-1 《计量标准考核（复查）申请书》的编写 5-2 《计量标准技术报告》的编写 5-3 《计量标准履历书》的编写	知识点： （1）《计量标准考核（复查）申请书》的编写内容与注意事项 （2）《计量标准技术报告》的编写方法 （3）《计量标准履历书》的编写流程 技能点： （1）能够根据要求合理编写《计量标准考核（复查）申请书》 （2）能够根据要求合理编写《计量标准技术报告》 （3）能够根据要求合理编写《计量标准履历书》	8
6. 常用几何量计量标准考核	6-1 计量标准的考评 6-2 常用几何量计量标准的考评 6-3 常用几何量计量标准的考评方法 6-4 计量标准考评结果的处理 6-5 《计量标准考核报告》的编制	知识点： （1）计量标准的考评流程 （2）常用几何量计量标准的考评方法 （3）常用几何量计量标准的考评方法 （4）计量标准考评结果的处理 （5）《计量标准考核报告》的编制方法 技能点： （1）能够合理地对几何量计量标准进行考评 （2）能够合理编制《计量标准考核报告》	12
合计			48

六、课程教学实施建议

1. 师资要求

本课程教学团队要求至少有两名主讲教师，需要熟练掌握几何量计量的相关理论知识并具有应用于测量实践的能力。主要要求包括：

1）具有高校教师资格或具有企业高级工程师资格；

2）熟练掌握本课程所要求的所有前期课程的知识；

3）具备应用几何量计量相关知识的能力；

4）熟悉企业几何量计量标准的发展动态，具备一定解决实际问题的能力。

本课程主讲教师同时应具备较丰富的教学经验。在教学组织能力方面，本课程的主讲教师应具备基本的教学设计能力，即根据本课程标准制定详细的课程授课计划，对每一堂课的教学过程精心设计，做出详细、具体的安排；还应该具备较强的因材施教能力、课堂控制能力和应变能力。

2. 学习场地、设施要求

本课程要求在普通教室（或多媒体教室）、实验室完成，以实现"教、学、做一体化"。实施本课程实践教学，校内实习实训硬件环境具体要求如下。

理实一体化的专业教室：1 间。

测量工作台：10 张。

机械量仪：游标类、螺旋副类、表类等各 10 套。

相关标准和技术资料：1 套。

3. 教材及参考资料

（1）教材选用或编写　教材选取应遵循"包头职业技术学院教材建设与管理办法"的教材选用原则。学校和企业必须依据本课程标准的要求选用或编写教材。教材应充分体现课程设计思想，满足课程内容的需要和岗位职责的要求；教材内容应符合国家职业标准，体现教学过程的实践性、开放性和职业性；要将本专业领域新技术、新工艺、新设备纳入教材中，体现教材的时代性。鼓励编写与教学相适应的学习指导教材，吸纳企业专家与学校教师合作编写教材。

（2）推荐教材

苗瑜. 常用几何量计量标准考核细则培训教材［M］. 郑州：黄河水利出版社，2013.

（3）教学参考资料

1）王中宇，刘智敏，等. 测量误差与不确定度评定［M］. 北京：科学出版社，2008.

2）机械检测网 http://www.55jx.com。

鉴于网页地址可能会更改，您可能需要核对该链接，使用搜索工具找出更新的链接。

4. 教学资源开发建设

1）逐步建立教学资源库，丰富教学资源。

2）完善课程教学文件建设，并实现教学资源共享。

3）加强学生与教师的紧密联系，建立多种互动平台。

5. 教学方法与手段

本课程教学过程中，可灵活运用集中讲授、多媒体教学、案例教学、现场教学、小组讨论等多种教学方法来实现教学目标，使学生有效地掌握所需的知识，必备的技能和策略方法，培养学生的岗位能力和职业素养。

教学过程以学生为主体，教师进行适当讲解，并进行引导、监督、评价。

教师应提前准备好各种学习资料，教学材料，并准备好教学场地和设备。

七、课程考核

课程考核方式与期末考试考核标准见表 1-45、表 1-46。

表 1-45　课程考核方式

考核项目		考核方法	比例
过程考核	态度纪律	根据作业完成情况、课堂回答问题、上课考勤情况以及实训报告完成情况等，由教师和学生干部综合评定学习态度纪律得分	25%
	单元测验	根据学生完成情况，由学生自评、他人评价和教师评价相结合的方式评定成绩	25%
终结考核	期末考试（笔试）	由教师评定成绩	50%
合计			100%

表 1-46 期末考试考核标准

序号	教 学 模 块	考核的知识点	比例
1	常用计量术语的理解	（1）测量的实质 （2）参与测量的五大要素 （3）测量误差的特点 （4）计量标准的相关术语	5%
2	几何量计量标准的命名和校准	（1）几何量量值传递系统的特点 （2）几何量计量标准的相关术语 （3）几何量计量标准的常见的校准流程与校准方法	10%
3	常用几何量的检定与校准	（1）计量技术法规的内容及其特点 （2）几何量检定与校准的具体操作	25%
4	常用几何量计量标准的考核	（1）计量标准的具体准备内容 （2）计量标准的配置要求的建立 （3）几何量量值标准的溯源手段	15%
5	计量标准主要考核材料的编写	（1）《计量标准考核（复查）申请书》的编写内容 （2）《计量标准技术报告》的编写方法 （3）《计量标准履历书》的编写流程	20%
6	常用几何量计量标准考核	（1）计量标准的考评流程 （2）常用几何量计量标准的考评方法 （3）计量标准考评结果的处理 （4）《计量标准考核报告》的编制方法	25%
	合计		100%

编制人：王慧[一]、张惠敏[一]、陈永波[二]

审核人：韩丽华[一]、秦晋丽[一]

"计量仪器与检测"课程标准

课程标准是学院依据专业人才培养方案课程设置，对课程培养目标、定位、课程教学内容、学时安排等做出规定的教育指导性文件。它是编写教材、实施教学与评价教学的依据，是管理和评价课程的基础。

课程标准中教学内容和学时，可根据具体教学需要做适当的调整和补充。

一、课程基本信息

课程基本信息见表 1-47。

[一] 为包头职业技术学院导师。

[二] 为内蒙古第一机械集团有限公司计量检测中心企业导师。

[三] 为丰达石油装备股份有限公司企业导师。

表 1-47　课程基本信息

课程名称	计量仪器与检测	课程代码	014201
课程类型	B	课程性质	必修
总学时	56	学分	3.5
实践学时	14	实践学时比例	25%
适用专业	机械产品检测检验技术		
备注信息			

二、课程定位

本课程是机械产品检测检验技术专业的一门核心课程，在专业人才培养方案中处于核心地位。本课程在对专业人才市场需求和就业岗位进行调研、分析的基础上，以计量仪器与测试技术的岗位能力和综合职业素质为重点培养目标而设立。在学生具备一定的机械加工基础知识、机械产品几何量精度设计知识的基础上，主要介绍测量长度、形状和位置、表面粗糙度、角度、螺纹以及圆柱齿轮等典型零件的测量仪器的工作原理、使用方法、精度影响因素及仪器的维护。本课程的目的一方面是使学生掌握几何量计量仪器的基础知识以及测试的基本技术和方法，并能应用到实践中，且能按照所学的技术方法进行测试工作，完成测试任务；另一方面是为学生获取双证书奠定基础。

前期课程："工程材料与热加工基础""公差配合与测量技术""机械技术应用基础""质量检测认识实习""误差理论与数据处理"等专业基础课程和专业课程。

后续课程："ISO 9000 质量管理体系""三坐标检测技术""机械 CAD/CAM""量仪检定与调修技术""机械产品检验实训""毕业顶岗实习""毕业综合技能训练"等相关课程。

三、课程教学设计思路

由于本课程要求学生具备相当多的前期知识，加上课程所用的量仪较多，所以课程学习难度较大。本课程采用"项目驱动，案例教学，一体化课堂"的教学模式开展教学。整个课程由 11 个完整的项目驱动。本课程结合学生已有的学习基础和学习风格，按照"教、学、做一体化"的原则，采用案例教学、任务驱动、现场教学、讨论和小组学习等教学方法和组织形式来调动学生积极性。课程的理实一体化教学过程全部安排在专业教室进行，教学中以学生为中心，教师全程负责讲授知识、指导操作。教学过程中注重培养学生文明生产的习惯，树立良好的安全意识和职业道德意识，培养创新意识和科学的工作方法，将理论与实践教学融为一体，实现对学生的知识-能力-素质的系统化培养。同时系统化规范教学环境条件，对校企合作、实训基地、专兼结合的"双师"团队、教材等进行系统规划，保障课程的有效实施。

四、课程目标

通过"计量仪器与检测"课程的学习，使学生认识和了解常见的几何量计量仪器的结构、测量原理以及测试的基本技术和方法，初步具有选择、操作、校准及维护常用计量仪器的能力；帮助学生养成独立思考、崇尚科学的学习习惯，严格遵守行业标准和国家标准，以及求真务实、踏实严谨的职业习惯，为从事计量测试工作奠定基础。

1. 知识目标

1）系统掌握几何量计量仪器的结构特征以及工作原理。

2）掌握典型计量仪器的主要技术指标、精度分析的相关内容。

3）掌握几何量各基本测量项目和主要测量参数。

2. 能力目标

1）具备合理选择计量仪器及测试方法进行产品检测的能力。

2）具备计量仪器的校准维护以及典型仪器精度分析的能力。

3）具备针对具体几何量测试问题，提出改进措施的初步能力。

3. 素质目标

1）学生要了解我国机械发展史，树立强烈的民族自尊心和自信心。

2）学生要有崇尚科学、追求真理、锐意进取的高尚品质，在学习和实践中培养求真务实、踏实严谨的工作作风。

3）学生要有独立思考的学习习惯，要严格遵循行业标准，树立良好的职业道德。

4）建立文明生产及安全操作意识。

5）掌握适量的相关专业英语词汇。

五、课程教学内容、要求及学时分配

课程教学内容、要求及学时分配见表1-48。

表 1-48　课程教学内容、要求及学时分配

课　题	学　习　单　元	学习内容和要求	学时
1. 计量仪器的基本知识	1-1　量仪的定义及其测量对象 1-2　量仪的主要技术指标 1-3　量仪的分类 1-4　光学量仪的基本组成部分及其常用光学元件	知识点： （1）量仪的定义及测量对象 （2）量仪的主要技术指标 （3）量仪的分类 （4）光学量仪的基本组成部分及常用光学元件 技能点： 能够根据实际测量对象进行量仪的选择	4
2. 自准直仪	2-1　自准直仪的测量原理 2-2　自准直仪的3种基本光学系统 2-3　利用自准直仪测量直线度误差	知识点： （1）自准直仪的测量原理 （2）自准直仪的3种基本光学系统 技能点： （1）能够操作自准直仪进行测试工作 （2）能够进行自准直仪的校准及维护	6
3. 光学计	3-1　光学计的工作原理 3-2　光学计的光学系统 3-3　立式光学计的结构 3-4　仪器的使用	知识点： （1）光学计的工作原理 （2）光学计的光学系统及结构 技能点： （1）能够操作光学计进行测试工作 （2）能够进行光学仪的校准及维护	6

（续）

课　题	学习单元	学习内容和要求	学时
4. 测长仪	4-1　测长仪的工作原理 4-2　测长仪的主要结构及附件 4-3　典型测量方法举例 4-4　测长仪简介 4-5　利用测长仪测量孔径	知识点： （1）仪器的工作原理 （2）仪器的主要结构及附件 （3）典型的测量方法 （4）测长仪的典型结构 技能点： （1）能够操作测长仪进行测试工作 （2）能够进行测长仪的校准及维护	10
5. 工具显微镜	5-1　仪器的光学系统和测量原理 5-2　仪器的结构 5-3　仪器的主要附件 5-4　仪器的操作与使用 5-5　仪器的主要技术参数 5-6　利用工具显微镜测量螺纹螺距和中径	知识点： （1）仪器的光学系统和测量原理 （2）仪器的结构 （3）仪器的主要附件 （4）仪器的操作与使用 （5）仪器的主要技术参数 技能点： （1）能够操作工具显微镜进行测试工作 （2）能够完成工具显微镜的校准及维护	10
6. 投影仪	6-1　投影仪的光学原理 6-2　JTT560 型立式投影仪 6-3　台投影仪	知识点： （1）投影仪的光学原理 （2）投影仪的工作原理及结构 技能点： （1）能够操作投影仪进行测试工作 （2）能够进行投影仪的校准及维护	4
7. 光学分度头	7-1　光学分度头的结构 7-2　光学分度头的使用	知识点： （1）光学分度头的工作原理 （2）光学分度头的结构 技能点： （1）能够操作光学分度头进行测试工作 （2）能够进行光学分度头的校准及维护	4
8. 光切显微镜与干涉显微镜	8-1　光切显微镜的原理 8-2　光切显微镜的光学系统 8-3　光切显微镜的结构与使用 8-4　干涉显微镜的结构与使用	知识点： （1）光切显微镜的原理 （2）光切显微镜的光学系统 （3）光切显微镜的结构与使用 （4）干涉显微镜的结构与使用 技能点： （1）能够操作光切显微镜进行测试工作 （2）能够完成光切显微镜的校准及维护	4
9. 接触式干涉仪	9-1　接触式干涉仪的工作原理 9-2　仪器结构 9-3　仪器的使用调整与操作 9-4　激光比长仪简介	知识点： （1）接触式干涉仪的工作原理 （2）接触式干涉仪仪器结构 技能点： （1）能够操作接触式干涉仪进行测试工作 （2）能够完成接触式干涉仪的校准及维护	2

（续）

课　题	学 习 单 元	学习内容和要求	学时
10. 光学量仪的维护、检定和精度分析	10-1　光学量仪维护的基本知识 10-2　光学量仪的检定 10-3　光学量仪的精度分析	知识点： （1）光学量仪维护的基本知识 （2）光学量仪的检定 （3）光学量仪的精度分析	2
11. 电动量仪	11-1　电感式测微仪 11-2　电动轮廓仪 11-3　圆柱度仪简介 11-4　利用圆柱度仪测量圆度误差	知识点： （1）电感式测微仪的原理及结构 （2）电动轮廓仪的原理及结构 （3）圆柱度仪的原理及结构 技能点： （1）能够操作电动量仪进行测试工作 （2）能够完成电动量仪的校准及维护	2
12. 检测基础知识	12-1　检测的基本知识 12-2　检测的分类 12-3　先进检测技术的应用	知识点： （1）检测的基本知识 （2）检测的分类 （3）先进检测技术的应用	2
合计			56

六、课程教学实施建议

1. 师资要求

本课程教学团队要求至少有两名主讲教师，需要熟练掌握几何量计量仪器的结构特征、测量原理、使用及维护，具备综合运用各种计量仪器进行测试的能力，主要要求包括：

1）具有高校教师资格或具有企业高级工程师资格。

2）熟练掌握本课程所要求的所有前期课程的知识。

3）具备应用多种几何量计量器具进行检测的能力。

4）熟悉几何量计量仪器和检测技术的发展动态，具备一定的解决测试方面的实际问题的能力。

本课程主讲教师同时应具备较丰富的教学经验。在教学组织能力方面，本课程的主讲教师应具备基本的教学设计能力，即根据本课程标准制定详细的课程授课计划，对每一堂课的教学过程精心设计，做出详细、具体的安排；还应该具备较强的因材施教能力、课堂控制能力及应变能力。

2. 学习场地、设施要求

本课程要求在"教、学、做一体化"专业教室完成。实施本课程实践教学，校内实习实训硬件环境具体要求如下。

理实一体化的专业教室：1 间。

测量工作台：10 张。

机械量仪：游标类、螺旋副类、表类等各 10 套。

光学量仪：自准直仪、测长仪、万能工具显微镜、光切显微镜等各 1 台。

电动量仪：表面粗糙度检查仪、电动轮廓仪、圆柱度仪等各 1 台。

相关标准和技术资料：1 套。

3. 教材及参考资料

（1）教材选用或编写　教材选取应遵循"包头职业技术学院教材建设与管理办法"的教材选用原则。学校和企业必须依据本课程标准的要求选用或编写教材。教材应充分体现课程设计思想，满足课程内容的需要和岗位职责的要求；教材内容应符合国家职业标准，体现教学过程的实践性、开放性和职业性；要将本专业领域新技术、新工艺、新设备纳入教材中，体现教材的时代性。鼓励编写与教学相适应的学习指导教材，吸纳企业专家与学校教师合作编写教材。

（2）推荐教材

何频，郭连湘. 计量仪器与检测（上、下）［M］. 北京：化学工业出版社，2006.

（3）教学参考资料

1）郭连湘，黄小平. 机械零件加工质量检测［M］. 北京：高等教育出版社，2012.

2）胡国强. 机械零件质量检测经验实例［M］. 北京：国防工业出版社，2010.

3）机械检测网 http://www.55jx.com。

鉴于网页地址可能会更改，您可能需要核对该链接，使用搜索工具找出更新的链接。

4. 教学资源开发建设

1）建立教学资源库，丰富教学资源。

2）完善课程教学文件建设，并实现共享。

3）加强学生与教师的紧密联系，建立多种互动平台。

5. 教学方法与手段

本课程教学过程中，可灵活运用集中讲授、案例教学、小组讨论、操作示范等多种教学方法来实现教学目标，使学生有效地掌握完成每个测试过程所需的知识，必备的技能和策略方法，培养学生的岗位能力和职业素养。

教学过程以学生为主体，教师进行适当讲解，并进行引导、监督、评价。

教师应提前准备好各种学习资料，教学课件，并准备好教学场地和设备。

七、课程考核

课程考核方式及期末考试考核标准见表 1-49、表 1-50。

表 1-49　课程考核方式

考核项目		考核方法	比例
过程考核	态度纪律	根据作业完成情况、课堂回答问题、课堂实践示范、上课考勤情况以及实训报告完成情况等，由教师和学生干部综合评定学习态度纪律得分	25%
	单元测验	根据学生完成情况，由学生自评、他人评价和教师评价相结合的方式评定成绩	25%
终结考核	期末考试（笔试）	由教师评定成绩	50%
合计			100%

表 1-50　期末考试考核标准

序号	教学模块	考核的知识点	比例
1	计量仪器的基本知识	(1) 量仪的定义及测量对象 (2) 量仪的分类和主要技术指标	7%
2	自准直仪	(1) 自准直测量原理 (2) 自准直仪的 3 种基本光学系统	8%
3	光学计	(1) 仪器工作原理 (2) 仪器的主要结构及附件	10%
4	测长仪	(1) 仪器工作原理 (2) 仪器的主要结构及附件 (3) 典型测量方法举例	15%
5	工具显微镜	(1) 仪器的光学系统和测量原理 (2) 仪器的结构、主要附件及主要技术参数 (3) 仪器的操作与使用	15%
6	投影仪	(1) 仪器工作原理 (2) 仪器的主要结构及附件	8%
7	光学分度头	(1) 仪器工作原理 (2) 仪器的主要结构及附件	8%
8	光切显微镜与干涉显微镜	(1) 光切显微镜的原理及光切显微镜的光学系统 (2) 光切显微镜和干涉显微镜的结构与使用	7%
9	接触式干涉仪	(1) 仪器工作原理 (2) 仪器的主要结构及附件	5%
10	光学计量仪器的维护、检定和精度分析	(1) 光学计量仪器的维护 (2) 光学计量仪器的检定	7%
11	电动量仪	(1) 电动轮廓仪的原理及结构 (2) 圆柱度仪的原理及结构	5%
12	检测基础知识	(1) 检测基本知识 (2) 检测的分类	5%
	合计		100%

编制人：王慧⊖、樊瑞昕⊖、白艳荣⊜

审核人：韩丽华⊖、秦晋丽⊖

⊖　为包头职业技术学院导师。

⊜　为内蒙古第一机械集团有限公司计量检测中心企业导师。

⊜　为天津立中集团包头盛泰汽车零部件制造有限公司企业导师。

"量仪检定与调修技术"课程标准

课程标准是学院依据专业人才培养方案课程设置，对课程培养目标、定位、课程教学内容、学时安排等做出规定的教育指导性文件。它是编写教材、实施教学与教学评价的依据，是管理和评价课程的基础。

课程标准中教学内容和学时，可根据具体教学需要做适当的调整和补充。

一、课程基本信息

课程基本信息见表1-51。

表1-51　课程基本信息

课程名称	量仪检定与调修技术	课程代码	014206
课程类型	B	课程性质	必修
总学时	56	学分	3.5
实践学时	16	实践学时比例	28.6%
适用专业	机械产品检测检验技术		
备注信息			

二、课程定位

本课程是机械产品检测检验技术专业的一门核心课程，在专业人才培养方案中处于核心地位。本课程在对专业人才市场需求和就业岗位进行调研、分析的基础上，以计量仪器与测试技术的岗位能力和综合职业素质为重点培养目标而设立。在学生具备一定的机械产品检测基础知识、机械产品几何量精度设计知识的基础上，主要介绍各类量仪的检定与调修。本课程的目的一方面是使学生掌握几何量仪的检定和调修方法，并能应用到实践中，且能按照所学的技术方法进行检定工作，完成检定任务；另一方面是为学生获取双证书奠定基础。

前期课程："工程材料与热加工基础""公差配合与测量技术""机械技术应用基础""质量检测认识实习""误差理论与数据处理"等专业基础课程和专业课程。

后续课程："ISO 9000质量管理体系""三坐标检测技术""机械CAD/CAM""计量仪器与检测""机械产品检验实训""毕业顶岗实习""毕业综合技能训练"等相关课程。

三、课程教学设计思路

由于本课程要求学生具备相当多的前期知识，加上课程所用的量仪较多，所以课程学习难度较大。本课程采用"项目驱动，案例教学，一体化课堂"的教学模式开展教学。整个课程由16个完整的项目驱动。本课程结合学生已有的学习基础和学习风格，按照"教、学、做一体化"的原则，采用案例教学、任务驱动、现场教学、讨论和小组学习等教学方法和组织形式来调动学生积极性。课程的理实一体化教学过程全部安排在专业教室进行，教学中以学生为中心，教师全程负责讲授知识、指导操作。教学过程中注重培养学生文明生产的习惯，树立良好的安全意识和职业道德意识，培养创新意识和科学的工作方法，将理论与实践教学融为一体，实现对学生的知识—能力—素质的系统化培养。同时系统化规范教学环境条件，对校企合作、实训基地、专兼结合的"双师"团队、教材等进行系统规划，保障课程的有效实施。

四、课程目标

通过"几何量量仪检定与调修技术"课程的学习，使学生认识和了解常见的几何量量仪的结构、工作原理以及量仪的检定与维护方法,初步具有量仪检定与常见故障调修的能力;帮助学生养成严格遵守行业标准、国家标准,求真务实、踏实严谨的职业习惯,为从事计量检定调修工作奠定基础。

1. 知识目标

1)系统掌握量仪的结构特征以及工作原理。

2)掌握量仪的检定方法。

3)掌握量仪的调修方法。

2. 能力目标

1)具备熟练操作各类量仪的能力。

2)具备熟练掌握各类量仪检定方法的能力。

3)具备对常用量仪故障调修的能力。

3. 素质目标

1)学生要了解我国机械发展史,树立强烈的民族自尊心和自信心。

2)学生要有崇尚科学、追求真理、锐意进取的高尚品质,在学习和实践中培养求真务实、踏实严谨的工作作风。

3)学生要有独立思考的学习习惯,要严格遵循行业标准,树立良好的职业道德。

4)建立文明生产及安全操作意识。

5)掌握适量的相关专业英语词汇。

五、课程教学内容、要求及学时分配

课程教学内容、要求及学时分配见表1-52。

表1-52 课程教学内容、要求及学时分配

课 题	学习单元	学习内容和要求	学时
1. 量仪的基本知识	1-1 量仪的检定与维护在工业生产中的重要性与意义 1-2 量具与量仪 1-3 量仪中的名词术语及技术指标 1-4 量仪的基本原则 1-5 量仪的分类和特点 1-6 量块的量值传递 1-7 检定与校准的概念	知识点: (1)量仪的基本概念 (2)量仪的基本原则和分类 (3)量块的量值传递 (4)检定与校准的概念 技能点: 能够了解量仪的基本概念、基本原则和分类;了解量块的量值传递以及检定与校准的概念	2
2. 游标卡尺的检定与维护	2-1 游标卡尺的结构原理 2-2 游标卡尺的检定方法及数据处理 2-3 游标卡尺的日常维护保养 2-4 游标卡尺常见故障的调修	知识点: (1)游标卡尺的结构原理 (2)游标卡尺的检定方法、数据处理 (3)游标卡尺的日常使用维护 (4)游标卡尺常见故障的调修 技能点: (1)能够熟练掌握游标卡尺的检定方法及数据处理 (2)能够调修游标卡尺的常见故障	4

（续）

课　题	学习单元	学习内容和要求	学时
3. 游标高度卡尺的检定与维护	3-1　游标高度卡尺的结构原理 3-2　游标高度卡尺的检定方法及数据处理 3-3　游标高度卡尺的日常维护 3-4　游标高度卡尺常见故障的调修	知识点： （1）游标高度卡尺的结构原理 （2）游标高度卡尺的检定方法、数据处理 （3）游标高度卡尺的日常使用维护 （4）游标高度卡尺常见故障的调修 技能点： （1）能够熟练掌握游标高度卡尺的检定方法及数据处理 （2）能够调修游标高度卡尺的常见故障	2
4. 外径千分尺的检定与维护	4-1　外径千分尺的结构原理 4-2　外径千分尺的检定方法及数据处理 4-3　外经千分尺的日常维护 4-4　外径千分尺常见故障的调修	知识点： （1）外径千分尺的结构原理 （2）外径千分尺的检定方法、数据处理 （3）外径千分尺的日常使用维护 （4）外径千分尺常见故障的调修 技能点： （1）能够熟练掌握外径千分尺的检定方法及数据处理 （2）能够调修外径千分尺的常见故障	4
5. 其他螺旋副量具的检定与维护	5-1　公法线千分尺的检定与维护 5-2　内径千分尺的检定与维护 5-3　深度千分尺的检定与维护 5-4　螺纹千分尺的检定与维护	知识点： （1）4 种千分尺的结构原理 （2）4 种千分尺的检定方法、数据处理 （3）4 种千分尺的日常使用维护 （4）4 种千分尺常见故障的调修 技能点： （1）能够掌握 4 种千分尺的检定方法及数据处理 （2）能够了解 4 种千分尺的常见故障的调修	4
6. 百分表的检定与维护	6-1　百分表的结构原理 6-2　百分表的检定方法及数据处理 6-3　百分表的日常使用维护 6-4　百分表常见故障的调修	知识点： （1）百分表的结构原理 （2）百分表的检定方法、数据处理 （3）百分表的日常使用维护 （4）百分表常见故障的调修 技能点： （1）能够熟练掌握百分表的检定方法及数据处理 （2）能够调修百分表的常见故障	4

（续）

课　题	学 习 单 元	学习内容和要求	学时
7. 杠杆百分表的检定与维护	7-1　杠杆百分表的结构原理 7-2　杠杆百分表检定方法及数据处理 7-3　杠杆百分表的日常使用维护 7-4　杠杆百分表的常见故障的调修	知识点： （1）杠杆百分表的结构原理 （2）杠杆百分表的检定方法、数据处理 （3）杠杆百分表的日常使用维护 （4）杠杆百分表常见故障的调修 技能点： （1）能够熟练掌握杠杆百分表的检定方法及数据处理 （2）能够调修杠杆百分表的常见故障	2
8. 立式光学计的检定与维护	8-1　立式光学计的工作原理 8-2　立式光学计的检定方法及数据处理 8-3　立式光学计的日常使用维护 8-4　立式光学计常见故障的调修	知识点： （1）立式光学计的工作原理 （2）立式光学计的检定方法、数据处理 （3）立式光学计的日常使用维护 （4）立式光学计常见故障的调修 技能点： （1）能够熟练掌握立式光学计的操作 （2）能够熟练掌握立式光学计的检定及数据处理 （3）能够调修立式光学计的常见故障	4
9. 万能测长仪的检定与维护	9-1　万能测长仪的工作原理 9-2　万能测长仪的检定方法及数据处理 9-3　万能测长仪的日常使用维护 9-4　万能测长仪的常见故障的调修	知识点： （1）万能测长仪的工作原理 （2）万能测长仪的检定方法、数据处理 （3）万能测长仪的日常使用维护 （4）万能测长仪常见故障的调修 技能点： （1）能够熟练掌握万能测长仪的操作 （2）能够熟练掌握万能测长仪的检定及数据处理 （3）能够调修万能测长仪的常见故障	4
10. 光栅指示表检定仪的检定与维护	10-1　光栅指示表检定仪的工作原理 10-2　光栅指示表检定仪的检定方法及数据处理 10-3　光栅指示表检定仪的日常使用维护 10-4　光栅指示表检定仪的常见故障的调修	知识点： （1）光栅指示表检定仪的工作原理 （2）光栅指示表检定仪的检定方法、数据处理 （3）光栅指示表检定仪的日常使用维护 （4）光栅指示表检定仪常见故障的调修 技能点： （1）能够了解光栅指示表检定仪的操作 （2）能够了解光栅指示表检定仪的检定及数据处理 （3）能够调修光栅指示表检定仪的常见故障	4

（续）

课　题	学习单元	学习内容和要求	学时
11. 万能工具显微镜的检定与维护	11-1　万能工具显微镜的工作原理 11-2　万能工具显微镜的检定方法及数据处理 11-3　万能工具显微镜的日常使用维护 11-4　万能工具显微镜的常见故障的调修	知识点： （1）万能工具显微镜的工作原理 （2）万能工具显微镜的检定方法、数据处理 （3）万能工具显微镜的日常使用维护 （4）万能工具显微镜常见故障的调修 技能点： （1）能够熟练掌握万能工具显微镜的操作 （2）能够熟练掌握万能工具显微镜的检定及数据处理 （3）能够调修万能工具显微镜的常见故障	4
12. 光学分度头的检定与维护	12-1　光学分度头的工作原理 12-2　光学分度头的检定方法及数据处理 12-3　光学分度头的日常使用维护 12-4　光学分度头的常见故障的调修	知识点： （1）光学分度头的工作原理 （2）光学分度头的检定方法、数据处理 （3）光学分度头的日常使用维护 （4）光学分度头常见故障的调修 技能点： （1）能够了解光学分度头的操作 （2）能够了解光学分度头的检定及数据处理 （3）能够了解光学分度头的常见故障调修的方法	2
13. 圆度仪的检定与维护	13-1　圆度仪的工作原理 13-2　圆度仪的检定方法及数据处理 13-3　圆度仪的日常使用维护 13-4　圆度仪常见故障的调修	知识点： （1）圆度仪的工作原理 （2）圆度仪的检定方法、数据处理 （3）圆度仪的日常使用维护 （4）圆度仪常见故障的调修 技能点： （1）能够了解圆度仪的操作 （2）能够了解圆度仪的检定及数据处理 （3）能够了解圆度仪常见故障的调修	4
14. 齿轮测量机的检定与维护	14-1　齿轮测量机的工作原理 14-2　齿轮测量机的检定方法及数据处理 14-3　齿轮测量机的日常使用维护 14-4　齿轮测量机常见故障的调修	知识点： （1）齿轮测量机的工作原理 （2）齿轮测量机的检定方法、数据处理 （3）齿轮测量机的日常使用维护 （4）齿轮测量机常见故障的调修 技能点： （1）能够了解齿轮测量机的操作 （2）能够了解齿轮测量机的检定及数据处理 （3）能够了解齿轮测量机常见故障的调修	4

（续）

课 题	学 习 单 元	学习内容和要求	学时
15. 三坐标测量机的检定与维护	15-1 三坐标测量机的工作原理 15-2 三坐标测量机的检定方法及数据处理 15-3 三坐标测量机的日常使用维护 15-4 三坐标测量机常见故障的调修	知识点： （1）三坐标测量机的工作原理 （2）三坐标测量机的检定方法及数据处理 （3）三坐标测量机常见故障的调修 技能点： （1）能够了解三坐标测量机的操作 （2）能够了解三坐标测量机的检定及数据处理 （3）能够了解三坐标测量机的常见故障的调修	4
16. 关节臂测量机的检定与维护	16-1 关节臂测量机的工作原理 16-2 关节臂测量机的检定方法及数据处理 16-3 关节臂测量机的日常使用维护 16-4 关节臂测量机常见故障的调修	知识点： （1）关节臂测量机的工作原理 （2）关节臂测量机的检定方法、数据处理 （3）关节臂测量机的 （4）关节臂测量机常见故障的调修 技能点： （1）能够了解关节臂测量机的操作 （2）能够了解关节臂测量机的检定及数据处理 （3）能够调修关节臂测量机的常见故障	4
合计			56

六、课程教学实施建议

1. 师资要求

本课程教学团队要求至少有两名主讲教师，需要熟练掌握几何量计量仪器的结构特征、测量原理、检定与调修技术、使用及维护，具备综合运用各种计量仪器进行使用的能力，主要要求包括：

1）熟练掌握本课程所要求的所有前期课程的知识。

2）具备应用多种几何量量仪进行使用检测的能力。

3）熟悉几何量量仪和检测技术的发展动态，具备一定的解决测试方面的实际问题的能力。

同时应具备较丰富的教学经验。在教学组织能力方面，本课程的主讲教师应具备基本的教学设计能力，即根据本课程标准制定详细的课程授课计划，对每一堂课的教学过程精心设计，做出详细、具体的安排；还应该具备较强的因材施教能力、课堂控制能力及应变能力。

2. 学习场地、设施要求

本课程要求在"教、学、做一体化"专业教室完成。实施本课程实践教学，校内实习实训硬件环境具体要求如下：

理实一体化的专业教室：1 间；

测量工作台：10 张；

机械量仪：游标类、螺旋副类、表类等各 10 套；

光学量仪：测长仪、万能工具显微镜、立式光学计等各 1 台；

电动量仪：表面粗糙度检查仪、电动轮廓仪、圆度仪、三坐标测量机等各 1 台；

相关标准和技术资料：自编 1 套。

3. 教材及参考资料

（1）教材选用或编写　教材选取应遵循"包头职业技术学院教材建设与管理办法"的教材选用原则。必须依据本课程标准的要求选用或编写教材；教材应充分体现课程设计思想，满足课程内容的需要和岗位职责的要求；教材内容应符合国家职业标准，体现教学过程的实践性、开放性和职业性；要将本专业领域新技术、新工艺、新设备纳入教材中，体现教材的时代性。鼓励编写与教学相适应的学习指导教材，吸纳企业专家与学校教师合作编写教材。

（2）推荐教材

郭连湘. 量仪检定与调修技术［M］. 北京：化学工业出版社，2005.

（3）教学参考资料

1）张秀珍，晋其纯. 机械加工质量控制与检测［M］. 2 版. 北京：北京大学出版社，2016.

2）何频，郭连湘. 计量仪器与检测：上［M］. 北京：化学工业出版社，2006.

3）《计量测试技术手册》编写委员会. 计量测试技术手册［M］. 北京：中国计量出版社，2010.

4）机械检测网 http://www.55jx.com。

鉴于网页地址可能会更改，您可能需要核对该链接，使用搜索工具找出更新的链接。

4. 教学资源开发建设

1）建立教学资源库，丰富教学资源。

2）完善课程教学文件建设，并实现共享。

3）加强学生与教师的紧密联系，建立多种互动平台。

5. 教学方法与手段

本课程教学过程中，可灵活运用集中讲授、案例教学、小组讨论、操作示范等多种教学方法来实现教学目标，使学生有效地掌握完成每个测试过程所需的知识，必备的技能和策略方法，培养学生的岗位能力和职业素养。

教学过程以学生为主体，教师进行适当讲解，并进行引导、监督、评价。

教师应提前准备好各种学习资料，教学课件，并准备好教学场地和设备。

七、课程考核

课程考核方式及期末考试考核标准见表1-53、表1-54。

表 1-53　课程考核方式

考核项目		考核方法	比例
过程考核	态度纪律	根据作业完成情况、课堂回答问题、课堂实践示范、上课考勤情况以及实训报告完成情况等，由教师和学生干部综合评定学习态度纪律得分	25%
	单元测验	根据学生完成情况，由学生自评、他人评价和教师评价相结合的方式评定成绩	25%
终结考核	期末考试（笔试）	由教师评定成绩	50%
合计			100%

表 1-54　期末考试考核标准

序号	教学模块	考核的知识点	比例
1	量仪的基本知识	任务 1　量仪检定的一般知识 任务 2　量块的一般知识	5%
2	游标卡尺	任务 3　游标卡尺的检定方法 任务 4　调修游标卡尺的常见故障	8%
3	游标高度卡尺	任务 5　游标高度卡尺的检定方法 任务 6　游标高度卡尺的常见故障	5%
4	外径千分尺	任务 7　外径千分尺的检定方法 任务 8　调修外径千分尺的常见故障	8%
5	其他螺旋副量具	任务 9　4 种千分尺的操作 任务 10　4 种千分尺的检定方法	2%
6	百分表	任务 11　百分表的检定方法 任务 12　调修百分表的常见故障	5%
7	杠杆百分表	任务 13　杠杆百分表的检定方法 任务 14　调修杠杆百分表的常见故障	5%
8	立式光学计	任务 15　立式光学计的检定 任务 16　调修立式光学计的常见故障	10%
9	万能测长仪	任务 17　万能测长仪的检定 任务 18　调修万能测长仪的常见故障	5%
10	光栅指示表检定仪	任务 19　光栅指示表检定仪的检定 任务 20　调修光栅指示表检定仪的常见故障	5%
11	万能工具显微镜	任务 21　万能工具显微镜的检定 任务 22　调修万能工具显微镜的常见故障	10%
12	光学分度头	任务 23　光学分度头的检定 任务 24　光学分度头的常见故障调修的方法	2%
13	圆度仪	任务 25　圆度仪的检定 任务 26　调修圆度仪的常见故障	5%
14	齿轮测量机	任务 27　齿轮测量机的检定 任务 28　调修齿轮测量机的常见故障	10%

（续）

序号	教 学 模 块	考核的知识点	比例
15	三坐标测量机	任务 29　三坐标测量机的检定 任务 30　调修三坐标测量机的常见故障	10%
16	关节臂测量机	任务 31　关节臂测量机的检定 任务 32　调修关节臂测量机的常见故障	5%
合计			100%

编制人：韩丽华[⊖]、赵文睿[⊖]、孙鹏图[⊜]、程永安^㉒

审核人：秦晋丽[⊖]、王慧[⊖]

"三坐标检测技术"课程标准

　　课程标准是学院依据专业人才培养方案课程设置，对课程培养目标、定位、课程教学内容、学时安排等做出规定的教育指导性文件。它是编写教材、实施教学与教学评价的依据，是管理和评价课程的基础。

　　课程标准中教学内容和学时，可根据具体教学需要做适当的调整和补充。

一、课程基本信息

　　课程基本信息见表 1-55。

表 1-55　课程基本信息

课程名称	三坐标检测技术	课程代码	014205
课程类型	B	课程性质	必修
总学时	56	学分	3.5
实践学时	20	实践学时比例	35.71%
适用专业	机械产品检测检验技术		
备注信息			

二、课程定位

　　本课程是机械产品检测检验技术专业的一门专业课程，在专业人才培养方案中处于重要地位，对于计量检验员岗位应具备的三坐标测量机操作能力的培养起到重要的作用。在学生具备一定的机械加工基础知识、机械产品几何量精度设计知识的基础上，主要介绍三坐标测量机的结构、工作原理和使用方法，使学生掌握三坐标测量机的使用、维护及常见问题的排除方法。

　　前期课程："识图及手工绘图""公差配合与测量技术""计量仪器与检测""机械产品质量检验""机械加工质量控制与检测"等专业基础课程和专业课程。

　　后续课程："毕业综合技能训练""毕业顶岗实习"。

⊖　为包头职业技术学院导师。

⊜　为内蒙古第一机械集团有限公司计量检测中心企业导师。

⊜　为丰达石油装备股份有限公司企业导师。

㉒　为天津立中集团包头盛泰汽车零部件制造有限公司企业导师。

三、课程教学设计思路

由于本课程要求学生具备相当多的前期知识，加上课程的实践性内容较多，所以课程学习难度较大。本课程采用"项目驱动，案例教学，一体化课堂"的教学模式开展教学。整个课程由几个完整的项目驱动，56课时内完成教师与学生互动的讲练结合教学过程。教师指导学生按实际工作步骤和内容完成一个完整测量任务，让学生在实践过程中掌握操作方法和技能，并在操作过程中产生知识需求时引入相关的理论知识。课程的理论实践一体化教学过程全部安排在设施先进的精密检测实训室进行，教学中以学生为中心，教师全程负责讲授知识、答疑解惑、指导项目设计，充分调动师生双方的积极性，实现教学目标。

四、课程目标

通过"三坐标检测技术"课程的学习，使学生熟悉三坐标测量机的工作原理和结构；掌握三坐标测量机的操作与使用；了解三坐标测量机的维护及常见问题的排除方法；养成独立思考、崇尚科学的学习习惯和严格遵守行业标准、国家标准及求真务实、踏实严谨的职业习惯，树立较强的工程意识及创新意识，为从事计量检定工作奠定基础。

1. 知识目标

1）掌握三坐标测量机的工作原理和结构。

2）掌握三坐标测量机的操作与使用。

3）掌握 PC-DMIS 软件的使用方法。

4）了解三坐标测量机的维护及常见问题的排除方法。

2. 能力目标

1）具有三坐标测量机的操作与使用能力。

2）具有 PC-DMIS 软件的操作能力。

3）具有三坐标测量机常见问题的排除能力。

3. 素质目标

1）学生要了解我国机械发展史，树立强烈的民族自尊心和自信心。

2）学生要有崇尚科学、追求真理、锐意进取的高尚品质，在学习和实践中培养求真务实、踏实严谨的工作作风。

3）学生要有独立思考的学习习惯，要严格遵循行业标准，树立良好的职业道德。

4）建立文明生产、安全操作意识、产品质量意识。

5）掌握适量的相关专业英语词汇。

五、课程教学内容、要求及学时分配

课程教学内容、要求及学时分配见表1-56。

表1-56 课程教学内容、要求及学时分配

课 题	学 习 单 元	学习内容和要求	学时
1. 坐标测量机介绍	1-1 坐标测量机的基本组成 1-2 活动桥式测量机的构成及功能 1-3 控制系统的功能 1-4 测座、测头系统 1-5 计算机和测量软件	知识点： （1）三坐标测量机的基本组成 （2）活动桥式测量机的构成及功能 （3）控制系统的功能 （4）测座、测头系统的功能	2

（续）

课　题	学习单元	学习内容和要求	学时
2. 测量机的日常使用及维护	2-1　测量机的维护指南 2-2　测量机的使用与安全注意事项	知识点： （1）测量机的维护基本知识 （2）测量机的操作规程 （3）测量机使用注意事项 （4）测量机的环境要求	2
3. 三坐标测量机的基本操作	3-1　测量机起动前的准备 3-2　测量机系统起动 3-3　测量机系统关闭 3-4　PC-DMIS 软件介绍 3-5　进入 PC-DMIS 测量软件 3-6　测量机软件的基础知识 3-7　操纵盒使用说明	知识点： （1）测量机起动前的准备工作 （2）测量机系统起动步骤 （3）测量机系统关闭步骤 （4）PC-DMIS 软件功能 （5）测量机软件的基础知识 （6）操纵盒讲解 技能点： （1）测量机的起动、关闭步骤 （2）操纵盒的使用 （3）PC-DMIS 测量软件的使用	6
4. 测头校验	4-1　测头校验的必要性 4-2　测头校验的原理 4-3　测头校验的步骤 4-4　其他类型测头的校验	知识点： （1）测头校验的必要性 （2）测头校验的原理 （3）测头校验合格性判断 （4）测头校验注意事项 （5）其他类型测头的校验 技能点： 测头校验的步骤	6
5. 手动测量特征	5-1　测量特征 5-2　手动测量特征 5-3　替代推测 5-4　图形显示窗口相关操作	知识点： （1）测量特征要素 （2）替代推测 （3）手动测量特征注意事项 技能点： （1）手动测量特征 （2）图形显示窗口相关操作	6
6. 尺寸偏差的评价	6-1　简介 6-2　特征位置 6-3　距离设置及评价 6-4　夹角设置及评价	知识点： （1）测量特征位置 （2）距离设置 （3）角度设置 技能点： （1）距离评价 （2）角度评价	4

（续）

课 题	学 习 单 元	学习内容和要求	学时
7. 坐标系的建立	7-1 坐标系的定义 7-2 建立坐标系的必要性 7-3 建立坐标系的步骤 7-4 举例说明在 PC-DMIS 中建立坐标系 7-5 建立坐标系的其他操作方法	知识点： （1）坐标系的定义 （2）建立坐标系的步骤 （3）建立坐标系的方法 （4）建立坐标系的注意事项 技能点： 能用"点—线—面"建立坐标系	6
8. 自动特征测量	8-1 自动特征测量打开方式 8-2 自动特征测量使用注意事项 8-3 自动特征测量的创建 8-4 自动特征测量的执行	知识点： （1）自动特征测量的要素 （2）自动特征测量打开方式 （3）自动特征测量使用注意事项 （4）自动特征测量的创建 （5）自动特征测量的执行 技能点： 自动特征测量的创建	6
9. 几何误差评价	9-1 简介 9-2 形状误差设置及评价 9-3 方向误差设置及评价 9-4 位置误差设置及评价	知识点： （1）测量特征位置 （2）形状误差设置 （3）方向误差设置 （4）位置误差设置 技能点： （1）形状误差评价 （2）方向误差评价 （3）位置误差评价	6
10. 编辑、执行程序以及报告的生成	10-1 自动移动 10-2 标记程序 10-3 执行程序 10-4 阵列 10-5 标准报告模板 10-6 报告的保存和打印	知识点： （1）插入单个移动点 （2）安全平面的使用 （3）标记程序 （4）执行程序 （5）阵列的使用 （6）6种标准报告模板 （7）报告的保存和打印 技能点： （1）测量程序编辑 （2）报告的保存和打印	8

（续）

课　题	学习单元	学习内容和要求	学时
11. 自动测量	11-1　导入数据文件 11-2　导入 CAD 模型 11-3　自动测量 11-4　创建零件程序	知识点： （1）导入数据文件 （2）导入 CAD 模型 （3）自动测量 （4）创建零件程序 技能点： （1）自动测量 （2）创建零件程序	4
合计			56

六、课程教学实施建议

1. "双导师"师资要求

（1）学校导师　本课程教学团队要求至少有两名主讲教师，需要熟练掌握三坐标测量机的工作原理和结构，具备三坐标测量机的操作能力，主要要求包括：

1）熟练掌握本课程所要求的所有前期课程的知识。

2）熟悉三坐标测量机的工作原理和结构。

3）具备三坐标测量机的操作及常见问题的排除能力。

本课程主讲教师同时应具备较丰富的教学经验。在教学组织能力方面，本课程的主讲教师应具备基本的设计能力，即根据本课程标准制定详细的课程授课计划，对每一堂课的教学过程精心设计，做出详细、具体的安排，写出教案；还应该具备较强的施教能力，即掌握扎实的教学基本功并能够因材施教，在教学过程中还应具备一定的课堂控制能力和应变能力。

（2）企业导师（师傅）　企业师傅主要来自现代学徒制合作企业——内蒙古第一机械集团有限公司计量检测中心。企业师傅要求具备如下条件：

1）思想道德好，热爱本职工作，吃苦耐劳、敬业爱岗，具有强烈的事业心和责任感，具备良好的职业道德。

2）技术业务精，从事几何量检定与调修岗位工作3年以上（含3年），能胜任本职工作，能认真学习，刻苦钻研业务，具有大专及以上学历或中级及以上职业技术资格等级，具有熟练的操作技能、专业特长，并且是经验丰富的技术骨干。

3）具有良好的职业道德和协作意识，工作认真负责，具有奉献精神，能服从学校和企业的管理，遵守企业和学校的各项教学规章制度。

2. 学校和企业学习场地、设施要求

（1）学校　本课程要求在理论实践一体化教室（专用教室）完成，以实现"教、学、做"合一，同时要求安装多媒体教学软件，方便讲授教学任务和布置学生课堂实践任务。要求专业教室应配有如下设备。

测量工作台：5张。

三坐标测量机：1台。

（2）企业　实习单位能保证能接收20人实习场地，每个场地安排4个岗位，每个岗位

1~3名学徒，1个师傅。企业实习场地应配有如下设备。

测量工作台：5张。

三坐标测量机：1台。

3. 教材及参考资料

（1）教材选用或编写　教材选取应遵循"包头职业技术学院教材建设与管理办法"的教材选用原则。学校和企业必须依据本课程标准的要求选用或编写教材。教材应充分体现课程设计思想，满足课程内容的需要和岗位职责的要求；教材内容应符合国家职业标准，体现教学过程的实践性、开放性和职业性；要将本专业领域新技术、新工艺、新设备纳入教材中，体现教材的时代性。鼓励编写与教学相适应的学习指导教材，吸纳企业专家与学校教师合作编写教材。

（2）推荐教材　《三坐标检测技术实训指导书》。

（3）教学参考资料

1）李明，费丽娜. 几何坐标测量技术及应用［M］. 北京：中国质检出版社，2012.

2）何频，郭连湘. 计量仪器与检测：上［M］. 北京：化学工业出版社，2006.

3）《计量测试技术手册》编写委员会. 计量测试技术手册［M］. 北京：中国计量出版社，2010.

4）机械检测网 http://www.55jx.com。

4. 教学资源开发建设

1）建立教学资源库，丰富教学资源。

2）完善课程教学文件建设，并实现共享。

3）加强学生与教师的紧密联系，建立多种互动平台。

5. 教学方法与手段

通过任务驱动型教学法实施教学：将"三坐标检测技术"的各个项目分成若干个工作任务，每个工作任务按照"资讯—决策—计划—实施—检查—评价"六步法来组织教学，学生在教师指导下制定方案、实施方案，最终由教师评价学生。

教学过程以学生为主体，教师进行适当讲解，并进行引导、监督、评价。

教师应提前准备好各种学习资料，任务工单，教学课件，并准备好教学场地和设备。

七、质量保障

1）建立现代学徒制企业课程建设和教学过程质量监控机制，对各主要教学环节提出明确的质量要求和标准，通过教学实施、过程监控、质量评价和持续改进，达成课程目标。

2）完善现代学徒制教学管理机制，加强日常教学组织运行与管理，建立健全巡课和听课制度，严明教学纪律。

3）建立学徒学生跟踪反馈机制及社会评价机制，定期评价人才培养质量和培养目标达成情况。

4）充分利用评价分析结果有效改进现代学徒制企业课程建设，持续提高人才培养质量。

八、课程考核

企业课程考核标准见表1-57。

表 1-57　企业课程考核标准

姓名		专业		班级	
学号		工作岗位			

学生自我鉴定					

导师评价	评价项目	分值	评价参考标准		得分
	职业素养	5	有良好的职业道德和敬业精神，服务态度好		
	学习态度	5	接受指导教师的指导，虚心好学，勤奋、踏实		
	工作态度	10	工作积极主动，认真负责，踏实肯干，善始善终		
	人际关系	5	对人热情有礼，尊重指导教师及单位领导		
	沟通能力	10	能积极主动与顾客沟通，理清顾客需求。能根据不同的沟通对象和环境采取不同的沟通方式，达到沟通目的		
	协作能力	10	能正确处理好个人与集体的关系，有团队合作精神		
	创新意识	5	善于总结求新，能提出有建设性的意见或建议		
	心理素质	10	能自我调节工作中的不良情绪，以乐观积极的心态投入工作		
	专业技能	25	操作规范，岗位技能娴熟，顾客满意度高		
	服务意识	15	以热情友好的态度接待顾客，耐心解答顾客咨询，以最佳的情绪和态度服务顾客，使顾客时刻感受到体贴周到的服务		
	企业导师签名：　　　　　学校导师签名：　　　　　年　月　日				

学校评价	优秀（90）□　良好（80）□　中等（70）□　合格（60）□　不合格（60分以下）□
	专业负责人签字：　　　　　　　　　　　　　　　　　　　　　年　月　日

企业评价	很满意（90）□　满意（80）□　一般（70~60）□　不满意（60分以下）□
	部门负责人签字：　　　　　　　　　　　　　　　　　　　　　年　月　日

编制人：秦晋丽⊖、樊瑞昕⊖、孙鹏图⊜、程永安㊃

审核人：韩丽华⊖、王慧⊖

⊖　为包头职业技术学院导师。

⊜　为内蒙古第一机械集团有限公司计量检测中心企业导师。

⊜　为丰达石油装备股份有限公司企业导师。

㊃　为天津立中集团包头盛泰汽车零部件制造有限公司企业导师。

"通用量具使用实训" 课程标准

课程标准是学院依据专业人才培养方案课程设置，对课程培养目标、定位、课程教学内容、学时安排等做出规定的教育指导性文件。它是编写教材、实施教学与教学评价的依据，是管理和评价课程的基础。

课程标准中教学内容和学时，可根据具体教学需要做适当的调整和补充。

一、课程基本信息

课程基本信息见表1-58。

表1-58 课程基本信息

课程名称	通用量具使用实训	课程代码	014502
课程类型	C	课程性质	必修
总学时	30	学分	1
实践学时	30	实践学时比例	100%
适用专业	机械产品检测检验技术		
备注信息			

二、课程定位

本课程是机械产品检测检验技术专业的一门专业课程，在专业人才培养方案中处于重要地位。本课程在对专业人才市场需求和就业岗位进行调研、分析的基础上，以机械产品检测检验技术岗位能力和综合职业素质为重点培养目标而设立。本课程主要阐述通用量具的使用方法及日常维护以及企业生产组织形式与质量管理办法。本课程所介绍的具体内容包括：安全文明生产教育，通用量具的结构，通用量具的原理、使用方法及日常维护等。本课程的教学内容设计贴合生产实际，具有较强的针对性，为后续专业课程的开展奠定基础。

前期课程："热加工实习""机械技术应用基础""质量检测认识实习""识图及手工绘图""钳工实习"等专业基础课程。

后续课程："计量仪器与检测""三坐标检测技术""量仪检定与调修技术""机械产品检验实训""毕业顶岗实习""毕业综合技能训练"等相关课程。

三、课程教学设计思路

本课程采用"项目驱动"的教学模式开展教学。整个课程由8个完整的项目驱动。结合学生已有的学习基础和学习风格，采用任务驱动、小组讨论等教学方法和组织形式来调动学生积极性。本课程全部安排在内蒙古第一机械集团有限公司计量检测中心进行，教学中以学生为中心，教师全程负责讲授知识。教学过程中注重培养学生严谨的工作态度，树立良好的职业道德意识，培养创新意识和科学的工作方法，将理论与实践教学融为一体，实现对学生的知识-能力-素质的系统化培养。同时系统化规范教学环境条件，对实习基地、专兼结合的"双师"团队、实习指导书等进行系统规划，保障课程的有效实施。

四、课程目标

通过"通用量具使用实训"课程的学习，使学生系统认识机械制造行业常用的零件检测方法与检测设备以及企业生产组织形式和质量管理办法，并使学生对今后从事的工作领域、岗位职责和职业发展有初步认识；帮助学生养成独立思考、崇尚科学的学习习惯，严格遵守行业标准和国家标准，以及求真务实、踏实严谨的职业习惯，为从事计量测试工作奠定基础。

1. 知识目标

1）了解企业安全文明生产制度和保密制度。

2）明确通用量具的定义及测量对象。

3）熟悉通用量具的主要技术指标和分类。

4）熟练掌握通用量具的使用方法。

5）熟练掌握通用量具的日常维护方法。

6）了解企业生产零件的检测工艺、方法和仪器设备。

2. 能力目标

1）能严格遵守企业安全文明生产制度和保密制度。

2）能看懂企业生产零件的技术图样。

3）能够根据零件使用要求合理选用计量仪器。

4）能够使用常用量具对零件进行简单测量。

5）能够查阅与专业相关的技术文献和资料。

3. 素质目标

1）学生要了解我国机械发展史，树立强烈的民族自尊心和自信心。

2）学生要有崇尚科学、追求真理、锐意进取的高尚品质，在学习和实践中培养求真务实、踏实严谨的工作作风。

3）学生要有独立思考的学习习惯，要严格遵循行业标准，树立良好的职业道德。

4）建立文明生产、安全操作意识、产品质量意识。

5）掌握适量的相关专业英语词汇。

五、课程教学内容、要求及学时分配

课程教学内容、要求及学时分配见表1-59。

表1-59　课程教学内容、要求及学时分配

序号	实习项目	主要内容	时间分配
1	入厂教育	任务1　安全文明生产教育 任务2　保密教育	0.2天
2	游标类量具的使用	任务3　游标类量具的结构原理 任务4　游标类量具的使用方法 任务5　游标类量具的日常维护	0.3天
3	螺旋测微类量具的使用	任务6　螺旋测微类量具的结构原理 任务7　螺旋测微类量具的使用方法 任务8　螺旋测微类量具的日常维护	0.5天
4	指示表量具的使用	任务9　指示表类量具的结构原理 任务10　指示表类量具的使用方法 任务11　指示表类量具的日常维护	0.5天

（续）

序号	实习项目	主要内容	时间分配
5	端面类量具的使用	任务12 端面量块的使用方法 任务13 端面量块的日常维护 任务14 角度量块的使用方法 任务15 角度量块的日常维护	0.5 天
6	常用量具的使用	任务16 自准直仪的使用方法及日常维护 任务17 光学计的使用方法及日常维护 任务18 测长仪的使用方法及日常维护	0.5 天
7	参观计量检测中心	任务13 零件的检测 任务14 量具的检定 任务15 先进测量设备及其使用	1.5 天
8	观看视频、整理总结	任务16 观看先进制造技术视频 任务17 观看先进检测方法、设备视频 任务18 撰写实习报告	0.5 天
合计			1 周

六、课程教学实施建议

1. 师资要求

本课程教学团队要求至少有两名主讲教师，需要熟练掌握通用量具的使用方法并具备综合运用各种测量仪器的能力。主要要求包括：

1）具有高校教师资格。

2）熟练掌握本课程所要求的所有前期课程的知识。

3）具备应用多种几何量计量器具进行检测的能力。

4）熟悉企业质量检测技术的发展动态，具备一定的解决产品检测和质量管理方面的实际问题的能力。

本课程主讲教师同时应具备较丰富的教学经验。在教学组织能力方面，本课程的主讲教师应该具备基本的教学设计能力，即根据本课程标准制定详细的通用量具使用实训计划，对每一个实习任务进行精心设计，并做出详细、具体的安排；还应该具备较强的因材施教能力、组织协调能力和应变能力。

2. 学习场地、设施要求

本课程为 C 类纯实践课程，是机械产品检测检验技术专业的一门专业课程，所有的教学过程都安排在内蒙古第一机械集团有限公司计量检测中心进行。要求提前与实习部门做好安排部署，并严格遵守企业安全文明生产制度，杜绝任何设备及人身事故的发生。

3. 教材及参考资料

（1）教材选用或编写 教材选取应遵循"包头职业技术学院教材建设与管理办法"的教材选用原则。学校和企业必须依据本课程标准的要求选用或编写教材。教材应充分体现课程设计思想，满足课程内容的需要和岗位职责的要求；教材内容应符合国家职业标准，体现教学过程的实践性、开放性和职业性；要将本专业领域新技术、新工艺、新设备纳入教材中，体现教材的时代性。鼓励编写与教学相适应的学习指导教材，吸纳企业专家与学校教师合作编写教材。

（2）推荐教材 《通用量具使用实训指导书》。

（3）教学参考资料

1）张秀珍，晋其纯. 机械加工质量控制与检测［M］. 2 版. 北京：北京大学出版社，2016.

2）何频，郭连湘. 计量仪器与检测：上［M］. 北京：化学工业出版社，2006.

3）机械检测网 http://www.55jx.com。

鉴于网页地址可能会更改，您可能需要核对该链接，使用搜索工具找出更新的链接。

4. 教学资源开发建设

1）建立教学资源库，丰富教学资源。

2）完善课程教学文件建设，并实现共享。

3）加强学生与教师的紧密联系，建立多种互动平台。

5. 教学方法与手段

本课程采用任务驱动型教学法实施教学：将每个项目分成若干子工作任务，每个工作任务按照"资讯—决策—计划—实施—检查—评价"六步法来组织教学，学生在教师指导下制定方案、实施方案、最终评价学生。教学过程以学生为中心，老师主要起引导作用的特点。

教师应提前准备好各种任务工单，教学材料，并准备好教学场地。

七、课程考核

综合实习考核标准见表1-60。

表1-60　综合实习考核标准

考核点	考核比例	评价标准				
		优秀（90~100）	良好（80~89）	中（70~79）	及格（60~69）	不及格（60以下）
1. 态度纪律	15%	实训期间的出勤情况；学习态度情况；团队协作情况 没有缺勤情况；认真对待实训，听从教师安排；能与小组成员进行充分协作	缺勤5%以下；认真对待实训，听从教师安排；能与小组成员进行充分协作	缺勤10%以下；认真对待实训，听从教师安排；能与小组成员进行一定程度的协作	缺勤15%以下；听从教师安排；能与小组成员进行一定程度的协作	缺勤15%以上；听从教师安排
2. 实训项目测试	50%	量具、仪器使用；实训过程的完整性；测量结果准确 100%完成实训任务；能正确使用量具、仪器；实训过程比较完整；正确记录测量结果	80%完成实训任务；能比较正确地使用量具、仪器；实训过程比较完整；正确记录测量结果	70%完成实训任务；能比较正确地使用量具、仪器；实训过程基本完整；正确记录测量结果	60%完成实训任务；能在小组成员的帮助下完成项目任务	不能完成实训任务

（续）

考 核 点		考核比例	评价标准				
			优秀 （90~100）	良好 （80~89）	中 （70~79）	及格 （60~69）	不及格 （60以下）
3. 创新能力	主动发现问题、分析问题和解决问题情况；是否有创新；是否采用优化方案	15%	能够独立分析、解决问题，分析问题透彻；解决问题方式正确、高效；实训项目有创新	能够独立分析、解决问题；解决问题方式正确、高效；解决问题方式正确、高效	能够独立分析、解决问题；能够借助常用的量仪获取有用信息	分析、解决问题能力一般；能够在他人的帮助下完成实训	分析、解决问题能力一般；不能完成实训
4. 实训报告	实训报告书写是否规范	10%	实训报告规范	实训报告比较规范	实训报告比较规范	能完成实训报告	不能完成实训报告
5. 表达沟通	项目陈述情况；回答问题情况	10%	表达能力强，条理清楚；能够正确回答所提问题，思路敏捷	表达能力较强，条理清楚；能够正确回答所提问题	能够正确阐述实训过程；能够回答所提问题，没有原理性错误	表达能力一般；能够回答所提问题，没有原理性错误	表达能力一般；回答问题条理不太清晰
合计		100%					

编制人：韩丽华⊖、孙鹏图⊖、程永安⊜

审核人：秦晋丽⊖、王慧⊖

"误差理论与数据处理" 课程标准

　　课程标准是学院依据专业人才培养方案课程设置，对课程培养目标、定位、课程教学内容、学时安排等做出规定的教育指导性文件。它是编写教材、实施教学与教学评价的依据，是管理和评价课程的基础。

　　课程标准中教学内容和学时，可根据具体教学需要做适当的调整和补充。

一、课程基本信息

　　课程基本信息见表1-61。

⊖ 为包头职业技术学院导师。

⊖ 为丰达石油装备股份有限公司企业导师。

⊜ 为天津立中集团包头盛泰汽车零部件制造有限公司企业导师。

表 1-61　课程基本信息

课程名称	误差理论与数据处理	课程代码	014204
课程类型	B	课程性质	必修
总学时	32	学分	2
实践学时	4	实践学时比例	12.5%
适用专业	机械产品检测检验技术		
备注信息			

二、课程定位

本课程是机械产品检测检验技术专业的一门专业课程，在专业人才培养方案中处于重要地位。本课程在对本专业现代学徒制 3 家合作企业 5 个主体培养岗位进行岗位能力需求分析、论证的基础上，以机械产品检测过程中误差分析和数据处理岗位能力和综合职业素质为重点培养目标而设立。本课程主要阐述测量误差存在的一般规律、分析误差的产生原因和影响因素以及常见的数据处理方法。本课程所介绍的具体内容包括：误差理论与数据处理基础知识、测量误差分布与判断、随机误差及其特征量的估计、系统误差的处理、测量列中异常数据的剔除及测量不确定度的评定。使学生掌握误差理论的相关知识和常见的数据处理方法，并能应用到实践中，且能按照所学技术策略和方法进行误差分析和数据处理工作。

前期课程："机械设计基础""识图及手工绘图""钳工实习"等专业基础课程。

后续课程："机械加工质量控制与检测""计量仪器与检测""三坐标检测技术""量仪检定与调修技术""机械产品检验实训""毕业顶岗实习""毕业综合技能训练"等相关课程。

三、课程教学设计思路

由于本课程要求学生具备相当多的数据运算知识，加上课程的理论性较强，所以课程的学习难度较大。本课程采用"项目驱动，案例教学"的教学模式开展教学。整个课程由 7 个完整的项目驱动。结合学生已有的学习基础和学习风格，按照"教、学、做一体化"的原则，采用案例教学、任务驱动、小组讨论等教学方法和组织形式来调动学生积极性。课程的理实一体化教学过程全部安排在专业教室进行，教学中以学生为中心，教师全程负责讲授知识，介绍数据处理方法。教学过程中注重培养学生严谨的工作态度，树立良好的职业道德意识，培养创新意识和科学的工作方法，将理论与实践教学融为一体，实现对学生的知识-能力-素质的系统化培养。同时系统化规范教学环境条件，对实训基地、专兼结合的"双师"团队、教材等进行系统规划，保障课程的有效实施。

四、课程目标

通过"误差理论与数据处理"课程的学习，使学生认识和了解误差存在的一般规律、产生原因和影响因素以及常见的数据处理方法，初步具有对误差进行分析判断、对测量数据进行处理及对测量结果进行合理评价的能力；帮助学生养成独立思考、崇尚科学的学习习惯，严格遵守行业标准、国家标准，以及求真务实、踏实严谨的职业习惯，为从事计量测试工作奠定基础。

1. 知识目标：

1）系统掌握误差理论与数据处理的基础知识。

2）掌握测量过程中常见的测量误差分布类型及其特点。

3）掌握随机误差特征量的估计和系统误差的处理方法。

4）掌握测量列中异常数据的判断方法和测量不确定度的评定方法。

2. 能力目标：

1）具备对测量误差进行分析和判断的能力。

2）具备对测量数据进行分析和处理的能力。

3）具备对测量结果进行科学评价的能力。

4）具备针对测量误差的产生原因，提出改进测量措施的初步能力。

3. 素质目标

1）学生要了解我国机械史，树立强烈的民族自尊心和自信心。

2）学生要有崇尚科学、追求真理、锐意进取的高尚品质，在学习和实践中培养求真务实、踏实严谨的工作作风。

3）学生要有独立思考的学习习惯，要严格遵循行业标准，树立良好的职业道德。

4）建立文明生产、安全操作意识、产品质量意识。

5）掌握适量的相关专业英语词汇。

五、课程教学内容、要求及学时分配

课程教学内容、要求及学时分配见表1-62。

表1-62　课程教学内容、要求及学时分配

课　题	学习单元	学习内容和要求	学时
1. 绪论	1-1　测量与误差 1-2　误差理论与数据处理的意义 1-3　正确认识误差理论与数据处理在测量中的作用 1-4　本课程的教学目标	知识点： （1）测量的实质 （2）参与测量的5大要素 （3）测量误差的特点 （4）误差理论与数据处理在测量中的作用 技能点： 能够准确判断具体测量过程中的要素	0.5
2. 误差理论与数据处理基础知识	2-1　测量及其分类 2-2　测量误差 2-3　测量精度 2-4　有效数字、修约规则与数据运算规则	知识点： （1）测量的实质以及参与测量的要素 （2）测量的分类 （3）测量误差的定义与表示方法 （4）测量精度的表示方法 （5）有效数字的判别方法 （6）数据修约规则和运算规则 技能点： 能够根据要求合理地对测量数据进行修约和运算	5.5

（续）

课　　题	学习单元	学习内容和要求	学时
3. 测量误差分布与判断	3-1　测量误差的分布 3-2　测量误差分布的分析与判断	知识点： （1）常见的测量误差分布类型及其特点 （2）测量误差分布类型的判断方法 技能点： 能够对具体测量过程中测量误差的分布类型进行合理地分析与判断	6
4. 随机误差及其特征量估计	4-1　随机误差概述 4-2　等精度测量特征量的估计 4-3　不等精度测量特征量的估计 4-4　测量的极限误差	知识点： （1）随机误差的定义、产生原因及其特征 （2）值和标准差的估计 （3）权的概念与权值的确定 （4）加权算术平均值及其标准差 （5）置信区间与置信概率 （6）极限误差的概念 技能点： （1）能够通过分析测量过程中随机误差的产生原因来提出改进测量的具体措施 （2）能够计算测量结果中真值和标准差的估计值 （3）能够计算不等精度测量中的加权算术平均值及其标准差	6
5. 系统误差的处理	5-1　系统误差概述 5-2　系统误差的发现 5-3　系统误差的减小和消除	知识点： （1）系统误差的特征及其产生原因 （2）系统误差的发现方法 （3）减小系统误差的方法 技能点： （1）能够发现测量结果中的系统误差并判断其类型 （2）能够针对不同类型的系统误差采取减小系统误差的措施	4
6. 测量列中异常数据的剔除	6-1　粗大误差概述 6-2　异常数据的判别准则	知识点： （1）粗大误差的定义及其产生原因 （2）防止和消除粗大误差的方法 （3）3σ准则（拉依达准则） （4）格拉布斯准则 （5）狄克松准则 技能点： （1）能够通过分析测量过程中粗大误差的产生原因来提出改进测量的措施 （2）能够合理运用3σ准则、格拉布斯准则及狄克松准则对异常数据进行判断	6

（续）

课　题	学 习 单 元	学习内容和要求	学时
7. 测量不确定度评定	7-1　测量不确定度概述 7-2　测量不确定度的评定 7-3　合成标准不确定度 7-4　拓展不确定度 7-5　测量不确定度报告	知识点： （1）测量不确定度的定义和来源 （2）A 类评定及其自由度 （3）B 类评定及其自由度 （4）合成不确定度的计算 （5）拓展不确定度的计算 技能点： （1）能够合理地进行 A 类评定并确定其自由度 （2）能够合理地进行 B 类评定并确定其自由度	4
合计			32

六、课程教学实施建议

1. 师资要求

本课程教学团队要求至少有两名主讲教师，需要熟练掌握误差理论并具备综合运用各种测量数据处理方法的能力。主要要求包括：

1）具有高校教师资格或具有企业高级工程师资格。

2）熟练掌握本课程所要求的所有前期课程的知识。

3）具备应用误差理论和数据处理方法对测量结果进行分析和判断的能力。

4）熟悉企业机械产品检测与数据处理的发展动态，具备一定解决测量以及数据处理实际问题的能力。

本课程主讲教师同时应具备较丰富的教学经验。在教学组织能力方面，本课程的主讲教师应具备基本的教学设计能力，即根据本课程标准制定详细的课程授课计划，对每一堂课的教学过程精心设计，做出详细、具体的安排；还应该具备较强的因材施教能力、课堂控制能力和应变能力。

2. 学习场地、设施要求

本课程要求在普通教室（或多媒体教室）、实验室完成，以实现"教、学、做一体化"。实施本课程实践教学，校内实习实训硬件环境具体要求如下。

理实一体化的专业教室：1 间。

测量工作台：10 张。

机械量仪：游标类、螺旋副类、表类等各 10 套。

相关标准和技术资料：1 套。

3. 教材及参考资料

（1）教材选用或编写　教材选取应遵循"包头职业技术学院教材建设与管理办法"的教材选用原则。学校和企业必须依据本课程标准的要求选用或编写教材。教材应充分体现课程设计思想，满足课程内容的需要和岗位职责的要求；教材内容应符合国家职业标准，体现教学过程的实践性、开放性和职业性；要将本专业领域新技术、新工艺、新设备纳入教材中，体现教材的时代性。鼓励编写与教学相适应的学习指导教材，吸纳企业专家与学校教师合作编写教材。

（2）推荐教材

吴石林，张玘. 误差分析与数据处理 [M]. 北京：清华大学出版社，2010.

（3）教学参考资料

1）费业泰. 误差理论与数据处理 [M]. 7 版. 北京：机械工业出版社，2015.

2）王中宇，刘智敏，夏新涛，等. 测量误差与不确定度评定 [M]. 北京：科学出版社，2008.

3）机械检测网 http://www.55jx.com。

鉴于网页地址可能会更改，您可能需要核对该链接，使用搜索工具找出更新的链接。

4. 教学资源开发建设

1）建立教学资源库，丰富教学资源。

2）完善课程教学文件建设，并实现共享。

3）加强学生与教师的紧密联系，建立多种互动平台。

5. 教学方法与手段

本课程教学过程中，可灵活运用集中讲授、多媒体教学、案例教学、小组讨论等多种教学方法来实现教学目标，使学生有效地掌握所需的知识，必备的技能和策略方法，培养学生的岗位能力和职业素养。

教学过程中体现以学生为主体，教师进行适当讲解，并进行引导、监督、评价。

教师应提前准备好各种学习资料，教学材料，并准备好教学场地和设备。

七、课程考核

课程考核方式及期末考试考核标准见表1-63、表1-64。

表1-63　课程考核方式

考核项目		考核方法	比例
过程考核	态度纪律	根据作业完成情况、课堂回答问题、上课考勤情况以及实训报告完成情况等，由教师和学生干部综合评定学习态度纪律得分	25%
	单元测验	根据学生完成情况，由学生自评、他人评价和教师评价相结合的方式评定成绩	25%
终结考核	期末考试（笔试）	由教师评定成绩	50%
合计			100%

表1-64　期末考试考核标准

序号	教学模块	考核的知识点	比例
1	绪论	测量的实质、参与测量的5大要素、测量误差的特点、误差理论与数据处理在测量中的作用	5%
2	误差理论与数据处理基础	误差的定义与表示方法、测量精度的表示方法、有效数字的判别、修约规则和数据运算规则	20%

（续）

序号	教学模块	考核的知识点	比例
3	测量误差分布及其判断	常见的测量误差分布类型及其特点、测量误差分布类型的判断方法	15%
4	随机误差及其特征量估计	随机误差的定义、产生原因及其特征，真值和标准差的估计，权的概念与权值的确定，加权算术平均值及其标准差	15%
5	系统误差处理	系统误差的特征及其产生原因、系统误差的发现方法、减小系统误差的方法	20%
6	测量列中异常数据的剔除	粗大误差的定义及其产生原因、防止和消除粗大误差的方法、3σ 准则（拉依达准则）、格拉布斯准则、狄克松准则	20%
7	测量不确定度评定	测量不确定度的定义和来源、A 类评定及其自由度、B 类评定及其自由度	5%
合计			100%

编制人：王慧[一]、樊瑞昕[一]、陈永波[一]

审核人：韩丽华[一]、秦晋丽[一]

"质量检测认识实习"课程标准

课程标准是学院依据专业人才培养方案课程设置，对课程培养目标、定位、课程教学内容、学时安排等作出规定的教育指导性文件。它是编写教材、实施教学与教学评价的依据，是管理和评价课程的基础。

课程标准中教学内容和学时，可根据具体教学需要做适当的调整和补充。

一、课程基本信息

课程基本信息见表 1-65。

表 1-65 课程基本信息

课程名称	质量检测认识实习	课程代码	014211
课程类型	C	课程性质	必修
总学时	30	学分	1
实践学时	30	实践学时比例	100%
适用专业	机械产品检测检验技术		
备注信息			

二、课程定位

本课程是机械产品检测检验技术专业的一门专业课程，在专业人才培养方案中处于重要地位。本课程在对专业人才市场需求和就业岗位进行调研、分析的基础上，以机械质量管理与检测技术岗位能力和综合职业素质为重点培养目标而设立。本课程主要阐述机械制造行业常用的生产加工方法、常用的质量检测方法与检测设备以及企业生产组织形式与质量管理办

[一] 为包头职业技术学院导师。

[二] 为内蒙古第一机械集团有限公司计量检测中心企业导师。

[三] 为丰达石油装备股份有限公司企业导师。

法。本课程所介绍的具体内容包括：安全文明生产教育、常见的机械加工方法与设备、热处理方法、常用的质量检测方法和检测设备、先进制造技术与检测方法。本课程的教学内容设计贴合生产实际，具有较强的针对性，为后续专业课程的开展奠定基础。

前期课程："机械设计基础""识图及手工绘图""钳工实习"等专业基础课程。

后续课程："计量仪器与检测""三坐标检测技术""量仪检定与调修技术""机械产品检验实训""毕业顶岗实习""毕业综合技能训练"等相关课程。

三、课程教学设计思路

本课程采用"项目驱动"的教学模式开展教学。整个课程由8个完整的项目驱动。结合学生已有的学习基础和学习风格，采用任务驱动、小组讨论等教学方法和组织形式来调动学生积极性。本课程全部安排在内蒙古第一机械集团有限公司计量检测中心进行，教学中以学生为中心，教师全程负责讲授知识。教学过程中注重培养学生严谨的工作态度，树立良好的职业道德意识，培养创新意识和科学的工作方法，将理论与实践教学融为一体，实现对学生的知识-能力-素质的系统化培养。同时系统化规范教学环境条件，对实习基地、专兼结合的"双师"团队、实习指导书等进行系统规划，保障课程的有效实施。

四、课程目标

通过"质量检测认识实习"课程的学习，使学生系统认识机械制造行业常用的生产加工方法、常用的质量检测方法与检测设备以及企业生产组织形式和质量管理办法，并使学生对今后从事的工作领域、岗位职责和职业发展有初步认识；帮助学生养成独立思考、崇尚科学的学习习惯，严格遵守行业标准、国家标准，以及求真务实、踏实严谨的职业习惯，为从事计量测试工作奠定基础。

1. 知识目标：

1）了解企业安全文明生产制度和保密制度。

2）熟悉常用机械加工方法与设备的特点及其应用。

3）了解常用热处理方法的特点及其应用。

4）熟悉企业生产零件的检测工艺、方法和仪器设备。

5）了解先进检测方法、设备及其前沿动态。

2. 能力目标：

1）能严格遵守企业安全文明生产制度和保密制度。

2）能看懂企业生产零件的技术图样。

3）能够根据零件使用要求合理选用毛坯制造方法和热处理方法。

4）能够使用常用量具对零件进行简单测量。

5）能够查阅与专业相关的技术文献和资料。

3. 素质目标

1）学生要了解我国机械发展史，树立强烈的民族自尊心和自信心。

2）学生要有崇尚科学、追求真理、锐意进取的高尚品质，在学习和实践中培养求真务实、踏实严谨的工作作风。

3）学生要有独立思考的学习习惯，要严格遵循行业标准，树立良好的职业道德。

4）建立文明生产、安全操作意识、产品质量意识。

5）掌握适量的相关专业英语词汇。

五、课程教学内容、要求及学时分配

课程教学内容、要求及学时分配见表1-66。

表1-66 课程教学内容、要求及学时分配

序号	实习项目	主要内容		时间分配
1	入厂教育	任务1	安全文明生产教育	0.2 天
		任务2	保密教育	
2	参观焊接车间	任务3	常用焊接方法、设备、特点及应用	0.3 天
		任务4	焊接件常见缺陷及其检测方法、设备	
3	参观铸造车间	任务5	常用铸造方法、设备、特点及应用	0.5 天
		任务6	铸件常见缺陷及其检测方法、设备	
4	参观锻造、冲压车间	任务7	常用锻造方法、设备、特点及应用	0.5 天
		任务8	锻件常见缺陷及其检测方法、设备	
5	参观热处理车间	任务9	常用热处理方法、设备、特点及应用	0.5 天
6	参观机械加工车间	任务10	企业生产零件的结构和技术要求	0.5 天
		任务11	常用机械加工方法与设备的特点、应用	
		任务12	车间常用测量方法与量具	
7	参观计量检测中心	任务13	零件的检测	1.5 天
		任务14	量具的检定	
		任务15	先进测量设备及其使用	
8	观看视频、整理总结	任务16	观看先进制造技术视频	0.5 天
		任务17	观看先进检测方法、设备视频	
		任务18	撰写实习报告	
合计				1 周

六、课程教学实施建议

1. 师资要求

本课程教学团队要求至少有两名主讲教师，需要熟练掌握误差理论并具备综合运用各种测量数据处理方法的能力。主要要求包括：

1）具有高校教师资格或具有企业中级职称资格。

2）熟练掌握本课程所要求的所有前期课程的知识。

3）具备应用多种几何量计量器具进行检测的能力。

4）熟悉企业质量检测技术的发展动态，具备一定的解决产品检测和质量管理方面的实际问题的能力。

本课程主讲教师同时应具备较丰富的教学经验。在教学组织能力方面，本课程的主讲教师应该具备基本的教学设计能力，即根据本课程标准制定详细的质量检测认识实习计划，对每一个实习任务进行精心设计，并做出详细、具体的安排；还应该具备较强的因材施教能力、组织协调能力和应变能力。

2. 学习场地、设施要求

本课程为 C 类纯实践课程，是机械产品检测检验技术专业的一门认识类实习课程，所有的教学过程都安排在内蒙古第一机械集团有限公司进行。要求提前与实习部门做好安排部署，并严格遵守企业安全文明生产制度，杜绝任何设备及人身事故的发生。

3. 教材及参考资料

（1）教材选用或编写　教材选取应遵循"包头职业技术学院教材建设与管理办法"的教材选用原则。学校和企业必须依据本课程标准的要求选用或编写教材。教材应充分体现课程设计思想，满足课程内容的需要和岗位职责的要求；教材内容应符合国家职业标准，体现教学过程的实践性、开放性和职业性；要将本专业领域新技术、新工艺、新设备纳入教材中，体现教材的时代性。鼓励编写与教学相适应的学习指导教材，吸纳企业专家与学校教师合作编写教材。

（2）推荐教材　《质量检测认识实习指导书》。

（3）教学参考资料

1）张秀珍，晋其纯. 机械加工质量控制与检测［M］. 2版. 北京：北京大学出版社，2016.

2）何频，郭连湘. 计量仪器与检测：上［M］. 北京：化学工业出版社，2006.

3）机械检测网 http://www.55jx.com。

鉴于网页地址可能会更改，您可能需要核对该链接，使用搜索工具找出更新的链接。

4. 教学资源开发建设

1）建立教学资源库，丰富教学资源。

2）完善课程教学文件建设，并实现共享。

3）加强学生与教师的紧密联系，建立多种互动平台。

5. 教学方法与手段

本课程采用任务驱动型教学法实施教学：将每个项目分成若干子工作任务，每个工作任务按照"资讯—决策—计划—实施—检查—评价"六步法来组织教学，学生在教师指导下制定方案、实施方案、最终评价学生。教学过程以学生为中心，老师主要起引导作用的特点。

教师应提前准备好各种任务工单，教学材料，并准备好教学场地。

七、课程考核

综合实习考核标准见表1-67。

表1-67　综合实习考核标准

考核点		考核比例	评价标准				
			优秀 （90~100）	良好 （80~89）	中 （70~79）	及格 （60~69）	不及格 （60以下）
态度纪律	实习期间的出勤情况；学习态度情况；团队协作情况	15%	没有缺勤情况；认真对待实习，听从教师安排；能与小组成员进行充分协作	缺勤5%以下；认真对待实习，听从教师安排；能与小组成员进行充分协作	缺勤10%以下；认真对待实习，听从教师安排；能与小组成员进行一定程度的协作	缺勤15%以下；听从教师安排；能与小组成员进行一定程度的协作	缺勤15%以上；听从教师安排

（续）

考核点		考核比例	评价标准				
			优秀 （90~100）	良好 （80~89）	中 （70~79）	及格 （60~69）	不及格 （60以下）
实习项目完成情况	实习任务完成情况；企业安全文明生产制度的遵守情况；常用的机械加工方法与检测技术的熟悉程度；实习笔记记录情况	50%	100%完成实习任务；严格遵守企业安全文明生产制度；熟悉常用的机械加工方法与检测技术；实习记录笔记完整	80%完成实习任务；较严格地遵守企业安全文明生产制度；较熟悉常用的机械加工方法与检测技术；实习记录笔记较完整	70%完成实习任务；能遵守企业安全文明生产制度；基本熟悉常用的机械加工方法与检测技术；实习记录笔记基本完整	60%完成实习任务；基本遵守企业安全文明生产制度；基本了解常用的机械加工方法与检测技术；实习记录笔记不完整	不能完成实习任务；无实习记录笔记
创新能力	主动发现问题、分析问题和解决问题情况；是否有创新；是否采用优化方案	15%	能够独立分析、解决问题，分析问题透彻；解决问题方式正确、高效；实习项目有创新	能够独立分析、解决问题；解决问题方式正确、高效；解决问题方式正确、高效	能够独立分析、解决问题；能够借助常用的量仪获取有用信息	分析、解决问题能力一般；能够在他人的帮助下完成实习	分析、解决问题能力一般；不能完成实习
实习报告	实习报告书写规范程度；内容的合理性	10%	实习报告规范；内容合理	实习报告比较规范；内容较合理	实习报告比较规范；内容合理性一般	能完成实习报告；内容合理性较差	不能完成实习报告
表达沟通	项目陈述情况；回答问题情况	10%	表达能力强、条理清楚；能够正确回答所提问题，思路敏捷	表达能力较强、条理清楚；能够正确回答所提问题	能够正确阐述实习过程；能够回答所提问题，没有原理性错误	表达能力一般；能够回答所提问题，没有原理性错误	表达能力一般；回答问题条理不太清晰
合计		100%					

编制人：秦晋丽⊖、赵文睿⊖、孙鹏图⊜、程永安⑭
审核人：韩丽华⊖、王慧⊖

⊖ 为包头职业技术学院导师。
⊜ 为内蒙古第一机械集团有限公司计量检测中心企业导师。
⊜ 为丰达石油装备股份有限公司企业导师。
⑭ 为天津立中集团包头盛泰汽车零部件制造有限公司企业导师。

四、建设校企互聘共用的师资队伍

双导师队伍建设是本专业现代学徒制的重要建设内容，校企积极探索互聘共用的双导师教学团队的打造，具体取得以下工作成果。

1. 校企协同制定《机械产品检测检验技术专业双导师队伍建设实施纲要》

《机械产品检测检验技术专业双导师队伍建设实施纲要》明确了双导师的遴选流程与具体聘用条件，双导师的具体职责、日常管理、组织培养以及考核评价等相关内容，详情见附件 1.16。

2. 校企签订《双导师互聘共用合作协议书》《包头职业技术学院现代学徒制双导师聘任审批表》，企业导师与学徒签订《师徒协议书》

为打造高质量的双导师教学团队，校企双方签订《双导师互聘共用合作协议》，根据企业导师聘用要求，下发《包头职业技术学院现代学徒制双导师聘任审批表》对三家合作企业的专业技术人员进行遴选，最终聘请三家合作企业共计 14 位企业专业技术人员作为企业导师并颁发聘书。2018 年 7 月 5 日，14 位企业导师与学徒签订《师徒协议书》并完成拜师仪式，企业导师将参与学徒培养的全过程，详情见附件 1.17～1.20。

附件 1.16

机械产品检测检验技术专业双导师队伍建设实施纲要

为加强现代学徒制双导师队伍建设，根据《机械产品检测检验技术专业现代学徒制试点项目实施方案》的相关要求，制定本实施纲要。

一、指导思想

以立德树人和促进学生（学徒）的全面发展为现代学徒制试点工作的根本任务，以校企分工合作、双主体协同育人、职责共担、共同发展的长效机制为着力点，建立互聘共用、双向挂职锻炼、横向联合技术研发和专业建设的双导师机制，打造一支高素质现代学徒制双导师队伍。

二、双导师职责

双导师是指参与现代学徒制日常教育教学及管理工作的职业院校专任教师和企业中高级技术人员。双导师制度是实现现代学徒制人才培养目标的重要举措。

（一）企业导师职责

1）协同学校专任教师按照人才培养方案要求，完成课程体系的构建、专业课程的开发以及教材建设等工作；依据岗位课程标准实施教学；负责学徒（学生）的岗位技能课程教学和拓展课程教学工作。

2）负责学徒（学生）职业道德、职业行为的养成教育，向学徒（学生）传授岗位工作经验，传承企业优良的兵工文化。

3）按照要求完成对学徒（学生）在企业学徒期间的岗位课程的技术技能考核和成绩评定工作，及时反馈学徒（学生）课程完成效果、工作状况和相关调查数据。

4）开展课程与教学研究、技术研发、产品攻坚、教学经验梳理及成果总结等工作。

5）负责收集和整理学徒（学生）岗位培养期间的教学及日常管理过程性材料，协同学校导师填写人才培养工作状态数据。

（二）学校导师职责

1）负责实施学徒（学生）文化课程和专业课程的教学和管理工作；在日常教学管理中开展职业道德、职业习惯、文明礼仪等核心素养的教育；督促和管理学徒（学生）遵守校企规章制度。

2）开发现代学徒制教学课程，实施"课证融通、证岗衔接"的人才培养模式，开发适合岗位职业理论和技术标准的课程。

3）负责学徒（学生）的日常考核与成绩评定，定期进行阶段性岗位考核。

4）协同企业导师开展科研、技术研发、产品攻坚工作，帮助企业解决生产中的实际问题，开展现代学徒制的相关课题研究，梳理经验、总结成果。

5）负责收集和整理学徒（学生）岗位培养期间的教学及日常管理过程性材料，包括工作评价手册和论文成果等，及时听取、收集学徒（学生）的意见和建议，协同企业导师填写人才培养工作状态数据，经现代学徒制信息管理平台上报。

三、双导师遴选与聘任

（一）遴选条件

1. 企业导师遴选条件

（1）思想道德好 热爱本职工作，吃苦耐劳、敬业爱岗，具有强烈的事业心和责任感，具备良好的职业道德。

（2）技术业务精 从事几何量计量岗位工作3年以上（含3年），能胜任本职工作，能认真学习，刻苦钻研业务，具有大专及以上学历或中级及以上职业技术资格等级，具有熟练的操作技能、专业特长，并且是经验丰富的技术骨干。

（3）职业道德优 具有良好的职业道德和协作意识。工作认真负责，具有奉献精神，能服从学校和企业的管理，遵守企业和学校的各项教学规章制度。

（4）具有教师基本素质 语言表达能力较强，具有一定的实训指导能力。

2. 学校导师遴选条件

（1）学校的现任教师 工作经历满3年，年龄25~50周岁之间，身心健康，具有大学本科及以上学历或中级及以上专业技术职务，具有相应的职业资格证书。

（2）职业道德优 具有良好的职业道德和协作意识，遵守学校和企业的各项规章制度，积极参与现代学徒制工作，责任心强。

（3）业务水平高 具有企业实践经历，业务基础扎实，熟悉所任教课程涉及的岗位对知识、技能和基本素质的要求，教学水平高且具有一定的课题研究、课程开发与实施能力。

（二）聘任程序

1）校企双方根据人才培养方案，统筹制定双导师聘任计划，根据聘任条件确定双导师人选。组织填写《机械产品检测检验技术专业现代学徒制双导师聘任审批表》，校企双方对导师资格进行审核。

2）对经审核通过的双导师，由校企双方与双导师签订聘任协议，校企双方为新聘任导师颁发聘任证书，聘期3年。期满后对其导师资格进行重新审定。

3）《机械产品检测检验技术专业现代学徒制双导师聘任审批表》及聘任协议将报院现

代学徒制试点工作推进办公室备案。

四、双导师管理

（一）管理主体

校企双方是双导师管理主体，实行校企互聘共用。

（二）日常管理

1. 双导师督查

校企双方负责监督、检查、考核双导师履行工作职责情况。

2. 双导师资格终止与取消

凡不履行导师职责或因其他原因不宜继续担任导师职务的，经审核后，终止或取消其导师资格。

3. 双导师资格中止

由于客观因素影响，导师不能继续履行职责的，由导师向试点项目单位提出申请，经调查核实后，中止其导师资格。客观因素消除后，经校企双方同意可恢复导师资格。

4. 双导师资源库建设

建立"双导师"资源库，将有一定行业影响力、技术全面、实践经验丰富的企业技术骨干人员及学校优秀专任教师的信息建档，收集入库并动态更新。

五、双导师培养

（一）培养目标及原则

1. 培养目标

培养具有先进职业教育理念，教学科研攻关能力、课程开发与技术实践能力突出，并能适应现代学徒制人才培养教育教学和教育创新基本需求的、稳定的高素质双导师队伍。

2. 培养原则

校企双方是双导师的培养主体，双导师培养坚持校企"共同培养、互聘共用、双向流动"的原则。

（二）培养措施

1）校企共同制定双导师队伍建设整体规划和培养方案，定期组织专题培训，提升双导师职业素养。

2）学校聘用企业技术骨干作为现代学徒制企业导师，企业聘用学校骨干教师作为技术顾问；学校对聘用的企业技术骨干进行职业教育教学能力培养，企业对学校骨干教师的岗位技能进行培养。学校导师到企业实践原则上每两年不少于3个月。

六、考核与评价

1）校企按照过程性评价与终结性考核相结合的原则联合对双导师实行双主体考核。

2）考核内容包括导师教学业务水平、课程设计与传授能力、学徒（学生）日常管理与职责履行情况、导师工作成效、师德等，考核结果记入双导师业务档案。考核细则由学院具体制定并执行。

3）学院及系部安排相应经费用于双导师课酬、奖励等。

4）将学校导师在企业的实践和服务纳入教师绩效考核并作为晋升专业技术职务的重要依据；将企业导师承担的教学任务和带徒经历纳入企业员工业绩考评并作为晋升技术职务等级评定的重要依据。

5）对考核不合格的导师，取消其现代学徒制导师资格。

附件1.17

"双导师"互聘共用合作协议书

甲方：包头职业技术学院

乙方：内蒙古第一机械集团有限公司计量检测中心

在甲方与乙方联合实施现代学徒制人才培养的框架协议的基础上，经双方协商在校企"双导师"互聘共培事项上共同达成如下协议。

一、合作目的

"互聘"是指甲方聘用企业技术骨干作为现代学徒制企业导师，乙方聘用学校骨干教师作为技术顾问。"共培"是指甲方对聘用的企业技术骨干进行职业教育教学能力培养；乙方对学校骨干教师的岗位技能进行培养。通过甲乙双方的共同培养，形成一支既能适应现代学徒制教学设计、教学实施和教学考核评价，又能适合乙方技术升级需求的"双导师"团队，促进甲乙双方的协同创新发展。

二、资格条件

（一）甲方推荐具有如下条件的教师供乙方选择聘用为生产技术顾问

1）遵守国家的法律、法规以及方针政策，坚持四项基本原则。

2）具有现代学徒制所涉及的企业工作岗位工作的经历，至少要通过企业的现场调研，熟悉所任课程涉及的岗位工作对知识、技能和基本素质的需求。

3）具有大学本科以上学历或中级以上专业技术职务。

4）业务基础扎实，具有承担本专业（课程）教学任务和企业技术升级的业务能力。

5）具有良好的职业道德和协作意识，能遵守校企双方的各项管理规章制度。

6）年龄55周岁以下，身体健康。

（二）乙方推荐具有如下条件的岗位技术人员为现代学徒制企业导师（师傅）人选

（1）思想道德好　热爱本职工作，吃苦耐劳、敬业爱岗，具有强烈的事业心和责任感，具备良好的职业道德。

（2）技术业务精　从事几何量计量岗位工作3年以上（含3年），能胜任本职工作，能认真学习，刻苦钻研业务，具有大专及以上学历或中级及以上职业技术资格等级，具有熟练的操作技能、专业特长，并且是经验丰富的技术骨干。

（3）职业道德优　具有良好的职业道德和协作意识，工作认真负责，具有奉献精神，能服从学校和企业的管理，遵守企业和学校的各项教学规章制度。

三、培养内容

（1）职业教育理念的更新培训　主要包括国内外现代职业教育发展的动向和成功案例，国家职业教育改革的最新精神和解读，甲方人才培养改革的理念、总体思路和具体实现的路径。培养的核心重点内容是现代学徒制的人才培养理念。

（2）内涵建设方法的培训　重点内容是如何通过政行校企的多方合作与协同，实现专业建设、人才培养模式、企业员工在岗培训和联合技术攻关的改革与创新，以达到校企等多方的协同创新发展。

（3）学校导师企业岗位能力提升培育　重点是熟悉与专业相关行业发展的现状与趋势、合作的大型骨干企业生产情况、结构调整和技术升级中遇到的主要问题以及解决问题的方向等。

（4）企业导师执教能力的培训　主要是现代学徒制教学个人教学文件的撰写培训，课程的开发、教学方法和手段等课堂教学常规培训。

四、双方职责

（一）甲方职责

1）负责推荐符合本协议条件的老师供乙方聘任。

2）负责牵头制定"双导师"互聘共培计划，双方认可后实施培训。

3）负责"双导师"的执教理念与执教能力培训，并承担按照计划实施培训的全部费用。

4）负责按照相关规定解决聘任为技术顾问在企业生产一线期间乙方老师的待遇。

5）负责建立校企"双导师"培训业务档案。

（二）乙方职责

1）负责推荐符合本协议条件的岗位技术与管理人员供甲方聘任。

2）协助甲方制定和实施"双导师"互聘共培计划。

3）为外出受训的乙方人员提供便利条件，确保培训的顺利开展。

4）指派专门人员指导到本企业生产一线锻炼的甲方人员开展工作。

5）负责对到本企业生产一线锻炼的甲方人员进行管理与考评。

6）负责按照相关规定解决聘任为技术顾问到企业生产一线锻炼期间甲方老师的劳动补贴问题。

五、其他

1）如不可抗力事件致使协议无法履行，则本协议自动终止。

2）本协议一式两份，甲乙双方各执一份。本协议自双方授权代表签字盖章之日起生效，双方共同遵守有关条款。

3）合作时间本协议有效期为_____年，即_____年_____月至_____年_____月。

如需延长合作时间，双方协商确定具体延期时间。

（以下无正文）

甲方：包头职业技术学院　　　　乙方：内蒙古第一机械集团有限公司计量检测中心

法定代表人：　　　　　　　　　法定代表人：

授权代表签字盖章（公章）：　　授权代表签字盖章（公章）：

签署日期：　　年　　月　　日　签署日期：　　年　　月　　日

附件 1.18

包头职业技术学院
现代学徒制双导师聘任审批表

聘任部门：_____

聘任专业：_____

填 表 人：_____

时　　间：_____

双导师聘任审批表填表说明

1）审批表要逐项认真填写，不能遗漏，所填内容要客观真实、准确无误、字迹端正、清晰。

2）"外聘类型"栏，统一填写为兼职。

3）表中须粘贴一寸近期免冠照片。

4）"主要工作经历"栏，从参加工作时填起，简历的起止时间填写到月，前后要衔接，不得空断。

5）"奖惩情况"栏，要填写至班组及以上奖励。

6）填写完毕须加盖单位公章后方可有效。

7）审批表需要正反页打印，左侧装订。

姓名		性　别		出生年月		
毕业院校			专业特长			1寸照片
学历		学位	参加工作时间		外聘类型	
联系方式		邮箱		身份证号		
职业资格证书等级	名称		现工作单位			
	等级					
	发证单位					
	发证时间					
主要工作经历						
获奖情况						

（续）

单位意见	部门负责人签字： （盖章） 年　月　日
聘任系部意见	系部负责人签字： （盖章） 年　月　日
学院意见	院长签字： （盖章） 年　月　日

附件1.19

包头职业技术学院机械产品检测检验技术专业
现代学徒制师徒协议书

甲方（师傅）：

乙方（学徒）：

为了更好地落实现代学徒制试点项目，切实提高学徒的专业技能、岗位实践能力，本着公平自愿的原则，甲乙双方经协商一致，达成如下协议。

一、培训内容

1）公司企业文化、规章制度、公司发展历史等基本情况介绍，本部门组织架构、主要工作职责等。

2）乙方岗位的工作性质、操作规程、工作职责、注意事项及与其他岗位的协作关系。

3）乙方岗位的具体工作内容和工作技能以及本行业职业道德与安全知识。

二、甲方义务

1）工作态度端正，思想品德良好，责任心强。

2）甲方负责传授具体理论知识，讲解实际操作流程，负责指导和解答技术上的问题，及时发现和纠正乙方在工作中的操作隐患。

3）甲方负责对乙方进行安全生产指导，纠正乙方在操作过程中的安全隐患，避免安全事故，对乙方的安全负责，强化安全培训。

4）甲方负责对乙方进行纪律、制度方面的指导，发现问题，及时指正。

5）甲方负责说明与解释乙方岗位工作的流程与注意事项。

6）制订详细的帮带计划，定期对学生进行考核。

三、乙方义务

1）遵守公司各项规章制度，勤学苦干，虚心学习，尊重甲方，服从甲方安排。

2）严格按技术规范和操作程序进行作业，保证生产安全；遇到有不懂的地方第一时间向甲方请教，不得野蛮操作。

3）主动和甲方谈心，学习甲方严谨的工作态度和认真刻苦的敬业精神，不断提高自己的职业道德水准和自身素质。

4）服从甲方的实训安排，按甲方要求完成制定的工作及培训任务。

5）定期定时以邮件的形式向甲方汇报工作。

四、考核

1）甲方发现乙方在上班期间消极怠工、不听指挥、不愿学习专业技能时，及时进行思想教育；乙方出现旷工、违反规章制度及迟到早退现象，甲方及时指正并向上级反映，如多次教育无果，则可提出终止本协议。

2）乙方在学徒期间向甲方请教时，发现甲方消极教学、不管不顾，及时向上级反映，经调查属实，对甲方进行思想教育；如甲方多次出现消极教学情况则取消师傅资格并终止本协议。

五、奖惩

1）乙方出现旷工、迟到早退、违反规章制度现象，甲方应及时指正并向上级反映，如发现甲方疏于管理或包庇纵容，一次罚款50元。

2）乙方在学徒期间不按照甲方要求进行操作从而导致安全、质量事故，甲方承担30%连带责任，经调查原因是甲方没有传授技能或没有提醒、强调，则甲方承担全部责任。

六、有效日期

协议有效期限为：_____年_____月_____日至_____年_____月_____日。

七、其他

1）本协议未尽事宜由双方另行及时协商解决，补充协议或条款作为本协议一部分，与本协议具有同等法律效力。

2）本协议一式两份，由甲乙双方各执一份。本协议自双方签字盖章之日起生效。

3）本协议生效后，对甲乙双方都具有同等法律约束。

甲方：   乙方：

签署日期：   年   月   日   签署日期：   年   月   日

附件 1.20

外聘教师聘书

一、丰达石油装备股份有限公司（3名）

a)

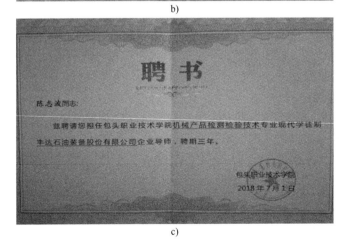

b)

c)

图 1-1　聘书（一）

二、内蒙古第一机械集团有限公司计量检测中心（9名）

a)

b)

c)

图1-2　聘书（二）

d)

e)

f)

图 1-2 聘书

g)

h)

i)

（二）（续）

三、天津立中集团包头盛泰汽车零部件制造股份有限公司（2名）

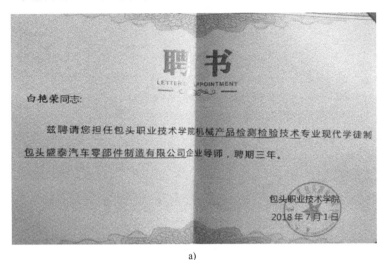

a)

b)

图1-3　聘书（三）

五、建立健全现代学徒制特点的管理制度

在机械产品检测检验技术专业现代学徒制的建设过程中，成立现代学徒制试点领导小组和现代学徒制工作小组，落实责任人，并逐步建立起一套《包头职业技术学院机械产品检测检验技术专业现代学徒制试点工作实施方案》，确定试点专业、专业人数、合作企业，制定实施办法和相关规章制度；制定试点专业实习计划、实习大纲，编写实习教材与实训手册。制定多方参与的考核评价与监督机制，并予以实施，建立健全第三方中介评价考核办法及建立完善考评员专家库，制定实施方案、管理办法等一系列文件。详情可参见附件1.21～1.30。

1）制定《机械产品检测检验技术专业现代学徒制试点工作实施方案》。

2）制定《机械产品检测检验技术专业学分管理办法》。

3）制定《机械产品检测检验技术专业现代学徒制专任教师工作职责》。

4）制定《机械产品检测检验技术专业带教师傅工作职责》。

5）制定《机械产品检测检验技术专业实习纲要》。

6）制定《机械产品检测检验技术专业现代学徒制教学管理与学徒管理纲要》。

7）制定《机械产品检测检验技术专业学生企业实习报告》。

8）制定《机械产品检测检验技术专业现代学徒制学徒实习管理办法》。

9）制定《机械产品检测检验技术专业现代学徒制企业师傅教学质量评价表》。

10）制定《机械产品检测检验技术专业现代学徒制学校导师教学质量评价表》。

附件1.21

机械产品检测检验技术专业现代学徒制试点工作
实施方案

为落实《国务院关于加快发展现代职业教育的决定》《教育部关于开展现代学徒制试点工作的意见》（教职成〔2014〕9号）和《教育部办公厅关于做好2017年度现代学徒制试点工作的通知》（教职成厅函〔2017〕17号）精神，以机械产品检测检验技术专业成功申报2017年全国第二批现代学徒制试点专业为契机，积极探索构建现代学徒制，有效地整合学校和企业的教育资源，进一步拓展校企合作深度融合的内涵，深化产教结合，工学结合，完善校企合作育人机制，创新技术技能型人才培养模式，进一步提升专业人才培养质量和打造校企合作、产教融合特色，根据教育部关于开展现代学徒制试点工作的有关要求并结合我系实际，特制定《机械产品检测检验技术专业现代学徒制试点工作实施方案》。

一、基本概况

合作单位：内蒙古第一机械集团有限公司（以下简称"一机集团"）计量检测中心、丰达石油装备股份有限公司、天津立中集团包头盛泰汽车零部件制造有限公司。

试点专业：机械产品检测检验技术。

试点年级：2017级（12人）、2018级（30人）、2019级（30人）。

二、指导思想

坚持以《国务院关于加快发展现代职业教育的决定》《教育部关于开展现代学徒制试点工作的意见》（教职成〔2014〕9号）等纲领性文件为指导，以适应企业用人需求与岗位资格标准、提高人才培养质量为目标，以校企合作为基础，以学生（学徒）的技能培养为核心，以专业设置和课程改革为纽带，以工学结合、产教融合为形式，以校企"双主体"育人和教师、师傅的"双导师"教学为支撑，以创新人才培养模式为突破口，逐步建立机械工程系现代学徒制人才培养模式，为行业企业培养所需的技术技能型人才。

三、组织机构

为促使机械产品检测检验技术专业现代学徒制试点工作的顺利开展与实施，现成立包头职业技术学院机械工程系机械产品检测检验技术专业现代学徒制试点工作领导小组，组织机构如下：

组　长：王靖东　包头职业技术学院机械工程系主任兼党总支副书记

　　　　杨建军　内蒙古第一机械集团有限公司计量检测中心主任

　　王　峰　丰达石油装备股份有限公司法人代表

　　臧永兴　天津立中集团包头盛泰汽车零部件制造有限公司法人代表

成　员：王　慧　包头职业技术学院机械工程系机械产品检测检验技术专业教师

　　秦晋丽　包头职业技术学院机械工程系机械产品检测检验技术专业教师

　　李现友　包头职业技术学院机械工程系液压与机械检测技术教研室主任

　　韩丽华　包头职业技术学院机械工程系机械产品检测检验技术专业教师

　　孙　慧　包头职业技术学院机械工程系液压与机械检测技术教研室教师

　　郭天臻　包头职业技术学院机械工程系系办公室教学秘书

　　孙友群　内蒙古第一机械集团有限公司计量检测中心副主任

　　张永表　内蒙古第一机械集团有限公司计量检测中心几何量计量科主任

　　王建国　丰达石油装备股份有限公司技术顾问

　　杜　建　丰达石油装备股份有限公司制造部经理

注：校企分别设置领导小组工作办公室，具体地址如下。

校内详址：包头职业技术学院机械工程系液压与机械检测技术教研室

企业详址：内蒙古第一机械集团有限公司计量检测中心几何量计量科办公室

　　　　　丰达石油装备股份有限公司综合部办公室

　　　　　天津立中集团包头盛泰汽车零部件制造有限公司综合科办公室

领导小组职责：

1）负责其他试点合作企业的考察与遴选。

2）负责《教育部关于开展现代学徒制试点工作的意见》（教职成〔2014〕9号）等相关政策的解读与宣传。

3）组织、筹划、实施本专业现代学徒制试点具体工作。

4）负责本专业现代学徒制实施过程中学徒、企业、学校三方信息沟通，具体管理与考核考评等相关工作。

四、建设目标

（一）总体目标

本专业建设过程中，坚持以服务发展、就业导向、技能为本、能力为重为原则，以推进产教融合、工学结合、知行合一为目标，以立德树人和促进学生（学徒）的全面发展为试点工作的根本任务，以创新招生制度、管理保障制度以及人才培养模式为突破口，以形成校企协同育人、共同发展的长效机制为着力点，注重整体谋划、增强政策协调，逐步建立起"学生—学徒—准员工—员工"四位一体的分阶段校企双主体育人的现代学徒制度。逐步建立校企双元育人机制、建立"三方利益共同体"、实现"三个对接"、践行"四个融合"、开展"六共同"育人策略。通过试点建设，深化校企合作协同育人机制，探索校企联合招生、联合培养、双向兼职，创新技术技能人才培养模式。

（二）具体目标

1. 建立校企"双主体"协同育人机制

具体包括制定校企合作"双主体"协同育人框架协议，逐步建立校企人才培养成本分担机制，有效整合并完善校企教学资源。

2. 推进招生招工一体化

探索招生即招工、招工即招生等多种形式的企业选人与用人机制，并根据企业用人特点制定并完善学徒、企业、学校三方协议。

3. 完善人才培养制度与标准

校企协同完善人才培养制度与标准，通过分析职业岗位素质要求，构建课程体系、开发课程内容，通过在岗交互的培养模式使企业岗位技能培养与学历教育达到有机融合，校企协同制定课程标准，协同完成专业课程的开发，协同实施课程考核，协同组织人才培养质量评价。同时在人才培养制度与标准的制定过程中，要将兵工文化的弘扬与培育融入人才培养的全过程，形成具有兵工特色的人才培养模式。

4. 建设校企互聘共用的师资队伍

校企共同建立双导师的岗前培养和达标上岗制度，不断深化校企双向挂职锻炼，校企协同进行技术研发与专业建设等方面的激励制度与考核奖惩制度的制定。同时完善双导师的选拔、任用、考核、激励制度，校企协同建成一支"业务水平高、工作能力强"的双导师队伍。

5. 建立体现现代学徒制特点的管理及保障制度

校企协同完成人才培养质量评价标准的制定等任务，配套制定符合现代学徒制的相关管理制度。

五、具体举措

（一）构建校企协同育人机制

校企双方以"合作共赢、职责共担"为原则，逐步建立校企紧密合作、分段育人、多方参与评价的双元协同育人机制。具体工作任务如下。

1）校企双方签署联合培养协议，明确校企双方在分阶段人才培养过程中的职责分工。校企双方通过具有法律效力的约束性文件的形式来明确各自的职责分工，为现代学徒制人才培养模式的顺利实施提供坚实的组织保障。

2）校企共同建立人才培养成本分担机制。以校企双主体人才培养成本共担为指导原则，统筹政府奖补、办学经费、行业捐赠、校企奖助学金等经费使用，不断拓展经费来源，以校企共同投入为主建立现代学徒制人才培养专项基金，确保导师带徒薪酬、学徒工作薪酬、双导师选拔激励、项目试点经费等落到实处，切实为现代学徒制人才培养模式的顺利开展提供坚实的经费保障。

3）校企有效整合并完善教学资源，制定资源数据表，主要包括软件（师资队伍）与硬件（校内外实训资源）资源等。

校企双方有效整合并不断完善教学资源，为现代学徒制人才培养模式的顺利开展提供坚实的资源保障。

（二）推进招生招工一体化

校企双方以"招生即招工"为原则，本着"三方"即校方、学徒、企业"利益共同"的理念推进招生招工一体化。具体工作内容如下。

1. 校企协同制定《包头职业技术学院机械产品检测检验技术专业招生招工实施方案》来规范招生招工工作流程

具体可采用以下两种方式进行。

方式一：通过内蒙古自治区高职院校统一招生方式先招生，并结合合作单位需求向学校提交招生计划，通过招生招工工作小组在在校学生中间进行广泛宣传并组织学生进行报名，合作单位人事部门到学校招生，采用笔试和面试相结合的选拔方式开展定向招工，遴选企业所需的专业人才。

方式二：利用内蒙古自治区示范院校自主招生方式，在招生之前，根据合作单位发展规划和人才需求制定年度招生计划，严格按照合作单位的用人标准通过综合评价的形式录取学生，联合实施招生招工一体化试点，录用的这些学生（学徒）就相当于中心的"后备员工"，具有双重身份，既是学生又是学徒。

2. 校企共同探索建立复合式、多样化的招生招工一体化制度

充分利用国家现有的高职院校自主招生等多种考试招生政策，校企双方共同探索建立复合式、多样化的招生招工一体化制度，为不同层次的学员提供学习机会。后期随着学徒制试点的不断推进，依据国家及内蒙古自治区高职院校招生政策，探索先招工，后综合评价注册入学的招生招工改革。以后就读包头职业技术学院机械产品检测检验技术专业的新生，先要取得企业学徒合同才能注册入学。

3. 制定学徒、学校和企业签订的三方协议

明确学徒的企业员工和职业院校学生双重身份，明确各方权益及学徒在岗培养的具体岗位、权益保障措施等内容。

注：对于年满16周岁未达到18周岁的学徒，须由学徒、监护人、学校和企业四方签订三方协议。

（三）完善人才培养制度和标准

工学结合、知行合一人才培养模式是现代学徒制试点的核心内容，校企双方应该根据技术技能人才成长规律以及合作单位计量检测岗位标准要求，共同研制人才培养方案，联合推行现场教学，联合实施双向管理，联合建设实训基地，联合构建评价体系。校企共同建设基于工作内容的专业课程和基于典型工作过程的专业课程体系，开发基于岗位工作内容的专业教学内容和教材，具体工作内容如下。

1. 制定岗位标准

主要根据三家合作单位几何量计量岗位的用人需求确定本专业毕业生的主要职业领域和就业岗位（群），见表1-68。

表1-68　合作单位计量检测职业领域以及主要就业岗位（群）

序号	合作企业	职业领域	主体培养岗位	
			培养岗位	毕业后1~2年升迁岗位
1	内蒙古第一机械集团有限公司计量检测中心	检验试验工程技术人员	几何量计量	几何量计量管理岗 几何量精密检测管理岗
			几何量精密检测	
			几何量计量技术	
2	丰达石油装备股份有限公司	机械工程技术人员	螺纹管检测	检测管理岗
3	天津立中集团包头盛泰汽车零部件制造有限公司	机械工程技术人员	汽车轮毂综合性能检测	检测管理岗

确定几何量计量、几何量精密检测、几何量计量技术、螺纹管检测、汽车轮毂综合性能检测 5 个典型工作岗位，通过分析具体岗位的岗位标准与人才质量需求，具体分解各岗位的具体工作任务、分析完成典型工作任务所应具备的能力要求，校企双方共同制定岗位标准。

2. 校企双方共同开发人才培养方案

主要以 3 家合作单位用人需求与岗位标准为人才培养目标，同时将兵工精神的弘扬与培育融入人才培养的全过程，根据学徒的职业能力成长规律（见表 1-69），以学生（学徒）的技能培养为核心，同时注重企业兵工文化内涵的培育，以形成具有兵工特色的人才培养方案。

表 1-69　合作单位学徒的职业能力成长规律

身份	学生	学徒	准员工
学习时间	学徒入门期	学徒成长期	学徒成熟期
知识目标	公共性基础知识	专业必修课 企业定向和概括性知识	关联性知识
技能目标	职业公共基础技能	职业定向技能	岗位技能培养
职业素养	初步接触、了解企业	形成对专业以及职业的整体认识	职业认同感和归属感
活动特点	以学校教师指导为主 开展认识性活动	双导师指导活动	基于专业和岗位的系统化活动

校企双方通过深入合作以专业设置与产业需求、课程内容与职业标准、教学过程与生产过程"三个对接"为原则，制定专业教学标准、课程标准、学校专业教师与企业师傅资格标准、质量监控标准及相应实施方案等。

按照"学生-学徒-准员工-员工"四位一体的人才培养的总体思路，践行教室与岗位、教师与师傅、考试与考核、学历与证书的"四个融合"，实施三段式育人机制。现代学徒制的教学进程安排如下。

（1）第一阶段：学徒入门期（第一学年）

第一阶段在学校主要以理论知识以及基本技能学习为主；在企业主要以"企业体验"与"专业基本技能"学习为主，组织学生参观企业、感受企业的文化内涵、了解企业的岗位设置，并不定期邀请企业专家到学校来给学生做企业相关知识讲座，让学生提前感受企业的相关内容，为第二阶段作准备。

（2）第二阶段：学徒成长期（第二学年）

第二阶段采用"分段工学交替"的模式进行，这一阶段主要践行"五个对接"，即学校与企业、基地与车间、专业与产业、教师与师傅、学生与员工对接。在学校期间，学生主要学习文化课程以及专业相关理论课程以强化学生的专业理论知识；在企业期间，学生主要学习专业实训内容以强化专业技能，并学习一些与企业相适应的技能实训，为第三阶段的毕业顶岗实习做准备。企业课程采用一徒多师形式教学，学徒将在不同的岗位学习，对应多名师傅。

（3）第三阶段：学徒成熟期（第三学年）

第三阶段实行毕业顶岗实习训练，毕业顶岗实习过程主要采用"一师一徒"的教学形式，每名师傅指导一名学徒，确保学徒能切实掌握岗位所需的技能。通过一年的毕业顶岗实习，使学徒不仅能切实提高自身技能水平，还能真正接触到企业的先进设备，领悟企业文化，形成质量意识、产量意识、团队合作精神等，同时要实现毕业综合技能训练与毕业顶岗实习的有机结合。三段式育人机制概况见表1-70。

表1-70 三段式育人机制概况

培养时间	内容安排	辅导导师权重
第一阶段	公共基础课，"企业体验"与"专业基本技能"学习	专任教师为主，企业专家为辅
第二阶段	专业知识与专业技能学习	专任教师与企业专家并重
第三阶段	顶岗实习	企业专家为主，专任教师为辅

3. 教学方案的制定

校企双方需要针对不同生源的具体特点，共同参与制定本专业的相关专业课程的教学方案。在制定教学方案过程中，要注重因材施教、因地施教，同时要注重采用理论与实践相结合的教学模式。

4. 课程体系开发

以专业人才培养规格对接企业用人需求、专业对接产业、课程对接岗位、教材对接技能为切入点，深化专业课程体系改革。校企双方共同建设基于工作内容的专业课程和基于典型工作过程的专业课程体系，校企双方初步建立的企业课程体系见表1-71。

表1-71 机械产品检测检验技术专业现代学徒制试点企业课程体系

培养过程	学徒成长时期	企业课程
职业基础能力培养阶段	学徒入门期	质量检测认识实习、通用量具使用实训、企业专家讲座
职业基本能力（专项能力）培养阶段	学徒成长期	专业生产实习、测量技术实训、机械产品检验实训、三坐标检测技术、量仪检定与调修技术、精密检测岗位实习、毕业综合技能训练、企业专家讲座
职业综合能力培养阶段	学徒成熟期	毕业顶岗实习

同时将专业分解成若干个岗位，再将每个岗位分解成若干个技能要素，根据专业教学计划要求，结合企业人才需求和岗位要求，科学、合理提炼岗位核心技能，校企共同研究开发基于岗位工作内容的专业教学内容和教材，要注重实践性与可操作性。

（四）校企互聘共用双导师教学团队

多重举措打造校企互聘共用双导师教学团队，具体工作内容如下。

（1）建立专兼职结合的"双导师"制 建立"双导师"选拔、培养、考核、激励制度，形成校企互聘共用、双向挂职锻炼的管理机制，明确"双导师"职责和待遇。合作企业要选拔优秀高技能人才担任师傅，明确师傅的责任和待遇，将其承担的教学任务纳入企业员工的考核内容，并享受相应的带徒津贴。校方要选派专业带头人或专业骨干教师担任学校导师，将其企业实践和技术服务纳入教师考核并优先作为晋升专业技术职务的重要依据；按照优于其他教师的原则，落实学校导师的各项待遇。

（2）建立灵活的人才流动机制 校企双方共同制定双向挂职锻炼、横向联合技术研发、专业建设的激励制度和考核奖惩制度。

（五）建立健全现代学徒制特点的管理制度

校企协同逐步建立起一套机械产品检测检验技术专业现代学徒制试点工作实施方案，确定试点专业、专业人数、合作企业制定实施办法和相关规章制度，制定试点专业实习计划、实习大纲，编写实习教材与实训手册。制定多方参与的考核评价与监督机制并予以实施，建立健全第三方中介评价考核办法，制定《机械产品检测检验技术专业学分管理办法》等管理制度，为本专业现代学徒制试点工作提供完善的制度保障。

六、现代学徒制试点项目进度安排

（一）第一阶段：项目启动阶段（2017.9—2017.11）

1）出台《包头职业技术学院机械工程系现代学徒制试点工作实施方案》。

2）校企双方共同研制人才培养方案（校企两个版本）。

3）校企共同研制招生招工方案。

4）校企双方签署联合培养协议并建立人才培养成本分担机制。

5）整合校企资源并制定资源数据表。

（二）第二阶段：项目实施阶段（2017.12—2018.07）

1）制定并签署学徒、企业和学校签订的三方协议。

2）建立"双导师"管理制度。

3）机械产品检测检验技术专业课程体系开发。

4）建立灵活的人才流动机制。

5）制定多方参与的考核评价与监督机制。

6）制定学徒实习计划、教学管理制度以及学分管理办法。

（三）第三阶段：项目推进阶段（2018.08—2019.07）

1）建立健全双主体协同育人长效机制。

2）建立健全校企人才培养成本分担机制。

3）完善复合式、多样化的招生招工一体化制度。

4）校企协同完善课程体系。

5）校企协同制定双向挂职锻炼、横向联合、技术研发、专业建设的激励制度和考核奖惩制度。

6）完善现代学徒制的相关管理制度。

（四）第四阶段：总结推广阶段（2019.08—2019.09）

1）召开现代学徒制试点工作研讨会，总结试点工作经验和不足。

2）研讨并修订《机械产品检测检验技术专业现代学徒制试点实施方案》以及各项规章管理制度。

3）表彰奖励先进合作企业、突出贡献学院指导教师和企业指导师傅。

4）交流推广成熟的工作经验和做法，形成具有特色的现代学徒制人才培养模式，为学院其他专业开展现代学徒制教育提供经验和借鉴。

（注：分年度目标及验收要点见表1-73）

七、预期成效

（一）校企合力，构建"六共同"校企协同育人机制

校企联合培养过程中，双方共同制定人才培养方案，共同开发专业理论课程与岗位技能

课程教材，共同组织专业理论课与岗位技能课程的教学，共同制定学生评价与考核标准，共同做好"双导师"团队的组织与管理，共同做好学生实训与就业工作。

（二）课程体系与课程内容的重构与重组——重建学习载体

学徒过程的反馈信息可作为教学计划、教学内容修订的可靠依据。教学计划因而可被设计成"基础课程＋专业课程＋学徒项目课程"的结构。由此推及的教学与实训的运作环节，将会更好地体现了学校和企业在人才培养方面的深度融合。

（三）"工"与"学"的交替——创新教学组织与管理模式

由于教学空间由校内延伸到校外，参与人才培养主体的多元化，在教学管理运行中，做到工与学合理衔接，在教学管理的方方面面充分体现一切为了学生（学徒）更好发展的教育理念。

（四）可持续发展的价值取向

校企联合培养学徒，形成学徒、企业、学校三个主体共同参与的现代学徒制全新的人才培养模式。三方主体的参与都基于自愿原则，且三方主体的利益追求具有一致性，利益的一致性使得三方在合作过程中都有动力来履行各自在三方协议中明确的职责与义务，从而推动机械产品检测检验技术专业现代学徒制成为具有可持续发展动能的全新的人才培养模式。

八、保障措施（包括组织保障、资金保障等）

为落实机械产品检测检验技术专业现代学徒制试点项目的顺利试行，特制定具体保障措施如下。

（一）组织保障

校企双方对本次合作予以高度重视，专门成立了由系部领导与合作单位领导牵头的现代学徒制试点工作领导小组，下设由教研室主任、企业部门领导、专业教师、企业资深员工等为成员的试点工作办公室，积极开展现代学徒制的试点工作。

（二）资金保障

校企双方预计投资 260 万元用于保障机械产品检测检验技术专业现代学徒制的开展与实施，具体资金预算详见表 1-72。

表 1-72　机械产品检测检验技术专业现代学徒制试点项目资金预算表

序号	支 出 项 目	企业投入资金/万元	学校投入资金/万元	其他资金/万元
1	项目调研、企业专家座谈	—	1	
2	课程体系开发、教学方案的制定	—	0.5	
3	岗位标准与课程标准的制定	—	0.5	
4	相关教材的编制与印发	2	6	
5	管理制度性文件的制定	0.2	0.5	
6	学徒保险	0.3	0.5	
7	学徒工资	4	—	
8	"双导师"队伍建设	2	7	
9	校企协同技术研发创新经费	10	2	
10	实训基地建设	200	18	
11	教学组织与管理	1	3	
12	学徒奖学金	0.5	1	
	合计	220	40	

表 1-73　分年度目标及验收要点

建 设 内 容	2018 年 9 月 （预期目标、验收要点）	2019 年 9 月 （预期目标、验收要点）
1. 校企协同育人机制 负责人：王靖东、王慧、杨建军、王峰、臧永兴	预期目标： （1）出台《机械产品检测检验技术专业现代学徒制试点工作实施方案》 （2）校企双方签署联合培养协议，明确校企双方在分阶段人才培养过程中的职责分工 （3）校企整合教学资源、初步制定资源数据表 （4）校企建立健全人才培养成本分担机制 （5）完善校企资源数据列表 验收要点： （1）《机械产品检测检验技术专业现代学徒制试点工作实施方案》 （2）《校企联合培养协议》与签署过程的相关影像资料 （3）《校企资源数据表》 （4）校企人才培养成本分担协议性文件 （5）完善《校企资源数据表》	预期目标： （1）召开现代学徒制试点工作研讨会，总结试点工作经验和不足 （2）检验和修正《机械产品检测检验技术专业现代学徒制试点工作实施方案》及各项规章制度 验收要点： （1）会议记录（包含纸质、影像等资料）、修订具体意见条目 （2）《机械产品检测检验技术专业现代学徒制试点工作实施方案》及各项管理规章制度（修订版）
2. 招生招工一体化 负责人：王靖东、杨建军、王峰、臧永兴	预期目标： （1）校企共同研制并拟定招生招工方案 （2）制定并签署学徒、学校和企业的三方协议 验收要点： （1）初步制定《包头职业技术学院机械产品检测检验技术专业招生招工一体化实施方案》 （2）三方协议原件（纸质与电子版）	预期目标： 完善复合式、多样化招生招工一体化制度 验收要点： 《包头职业技术学院机械产品检测检验技术专业招生招工一体化管理制度》（修订版）
3. 人才培养制度和标准 负责人：王慧、秦晋丽、孙友群、王建国、臧永兴	预期目标： （1）校企双方共同研制的具有兵工特色的人才培养方案 （2）校企双方共同制定 5 门专业核心课程教学方案（包括课程标准、教学设计等） （3）校企双方共同制定专业课程的教学方案 验收要点： （1）《机械产品检测检验技术专业专业人才培养方案》（含校企两个版本） （2）计量仪器与检测、机械加工质量控制与检测、量仪检定与调修技术、几何量计量、测量技术实训 5 门课程的课程标准 （3）误差理论与数据处理、通用量具使用实训、机械产品检验、实训、计量仪器与检测等 10 门专业课程的教学方案	预期目标： （1）修订《机械产品检测检验技术专业专业人才培养方案》（含校企两个版本） （2）校企双方共同开发课程体系 （3）校企双方共同修订专业课程的教学方案 （4）制定多方参与的人才培养质量的考核评价与监督机制 验收要点： （1）《机械产品检测检验技术专业专业人才培养方案》（修订版） （2）课程体系重构、课程内容重组支撑文件 （3）10 门专业课程教学方案的修订记录 （4）学徒培养档案以及学徒评估监督记录

（续）

建 设 内 容	2018 年 9 月 （预期目标、验收要点）	2019 年 9 月 （预期目标、验收要点）
4. 校企互聘共用的师资队伍 负责人：韩丽华、李现友、孙友群、王建国	预期目标： 建立"双导师"选拔、培养、考核、激励制度以及校企互聘共用、双向挂职锻炼的管理机制 验收要点： （1）《机械产品检测检验技术专业"双导师"管理制度》（涵盖"双导师"选拔、培养、考核、激励制度） （2）"双导师"的聘任流程、聘任协议以及受聘人员名单与相关资质证明材料 （3）《机械产品检测检验技术专业教师工作职责》《机械产品检测检验技术专业带教师傅工作职责》等 （4）《校企人才流动管理条例》	预期目标： （1）校企双方共同制定横向联合、技术研发的考核奖惩制度 （2）"双导师"考核与管理与待遇保障 验收要点： （1）《关于校企技术研发创新的考核奖惩制度》与横向联合创新材料 （2）"双导师"实责履行情况材料与满意度调查表 （3）"双导师"实责履行情况材料与满意度调查表 （4）"双导师"待遇落实情况材料
5. 体现现代学徒制特点的管理制度 负责人：王慧、孙慧、郭天臻、张永表、杜建	预期目标： （1）校企合力构建具有现代学徒制特点的学徒实习计划、教学管理制度以及学分制管理办法和弹性学制管理办法 （2）现代学徒制经费管理办法与实施 验收要点： （1）《机械产品检测检验技术专业学徒实习计划纲要》 （2）《机械产品检测检验技术专业学徒实习管理办法》 （3）《机械产品检测检验技术专业教学管理制度》《机械产品检测检验技术专业学分管理办法》 （4）《机械产品检测检验技术专业现代学徒经费管理办法》	预期目标： （1）创新考核评价与督查制度，制定多方参与的考核评价与监督机制 （2）校企合力制定学徒管理办法 验收要点： （1）制定具有兵工特色的《机械产品检测检验技术专业人才培养质量考核监督办法》 （2）《机械产品检测检验技术专业学徒管理办法》与相关考核结果佐证材料

附件 1.22

机械产品检测检验技术专业学分管理办法

为加强体现现代学徒制的规章制度的建设，根据《机械产品检测检验技术专业现代学徒制试点工作实施方案》的相关要求，制定机械产品检测检验技术专业学分管理办法，具体内容如下。

一、适用专业

机械产品检测检验技术

二、学制与学习期限

1）高职三年制专科，学习期限为 3～5 年。

2）在校学习年限实行弹性制，允许部分同学自主安排学习进程，延长在校学习年限。学习期限三年制专科最长不超过 5 年。

三、入学与注册

1）新生应持招生录取通知书和学院规定的有关证件，按期到校办理入学手续。因故不能报到者，须事先向学校请假，说明原因。

2）新生入学后，学院会组织新生进行健康复查，复查合格者予以注册，取得学籍。如患有疾病，经医院诊断，认为在一年内可治愈并能达到新生健康标准者，由本人申请，经教务处批准后，准予保留入学资格一年，并应回家治疗。保留入学资格期间不享受在校生待遇。

3）保留入学资格的学生，必须在下学年开学前向学院申请入学，经县级以上医院证明，学院复查合格，方可重新办理入学手续。复查不合格或逾期不办理入学手续者取消入学资格。

4）每学期开学，学生必须按时到二级系部（学院）办理注册手续，未经请假不办理注册手续逾期两周者，按自动退学处理。

四、请假与考勤

1）学生应自觉遵守学习纪律。因病或其他原因不能上课，须事先办理请假手续，假满后办理销假手续。

2）学生请假须填写请假单，病假应附学院医院证明。

3）出勤情况是学生学习态度的反映，考勤结果应作为学生学习成绩的一个组成部分。任课教师应按教学班学生名单对学生进行考勤，学生无故缺勤达课程实际授课次数的 1/3 以上者，取消终结考核资格，总评成绩记零分。

4）学生未经批准擅自缺勤者，以旷课违反学习纪律论处，除对其进行教育外，应按学院有关规定处理。

五、学分规定

学分是计算学生学习分量和成效的单位，是决定学生能否毕业的重要依据之一。

1）A 类课程（纯理论）和 B 类课程（理论＋实践）以每 16 学时记 1 学分，特殊课程除外；C 类课程（纯实践），如军训、专业实习实训、毕业顶岗实习、毕业综合技能训练等，每周 30 学时，记 1 学分。

2）学生每学期所修读的课程均须经过严格的考核。考核合格才能获得学分；考核不合格不能获得学分，学分记为零。

3）为发挥特长，鼓励学生个性发展，参加学院认可的本专业以外不同等级标准项目的考核并取得相应资格证书，给予不同等级的奖励学分。奖励学分分别为：中级工 4 分；高级工 6 分。获得其他资格证书的，如"ISO 内审员资格证书""普通话培训证书""驾驶员证"等有助于提高个人素质的资格证，分别给予奖励学分 2 分。

4）所有奖励学分记入个人总学分，可以顶替选修学分，但不可以顶替必修学分。

5）三年制专科各专业学生至少选择学习 1 个专业限选课程模块，须获得不低于 10 学分的专业限选课程学分，并且学生须修习不低于 6 学分的任意选修课程（也可用限选课程学分和奖励学分顶替）。具体毕业学分要求见各专业人才培养方案毕业要求。

六、课程性质分类

在学分制下，按课程性质分为必修课和选修课两大类。选修课又分为专业限定选修课和任意选修课两类。

（一）必修课

必修课是指为保证人才培养的基本规格，学生必须修习并获得学分的课程。必修课体现了从事某一专业大类工作的基本要求，目的是让学生掌握基本理论、基本知识、基本技能，提高全体学生的基本素质。为了给予学生学习的选择性，培养学生的个性发展，必修课学分不宜超过总学分的85%。

（二）选修课

1. 专业限定选修课

专业限定选修课是指学生在各专业提供的选课范围内，以深化、拓宽与所学专业相关的知识和技能的课程。包括两类：一类是本专业深化的课程，主要侧重于本专业的新知识、新技术、新工艺；另一类是本专业拓宽的课程，主要侧重于本专业相关的知识与技能。限定选修课对宽口径专业而言，应是体现专门化方向的课程组合；对窄口径专业而言，是主干专业课程的深化和拓宽。在制定各专业人才培养方案时，尽可能多地成组设置限定选修课程（包括限选实践课），给学生更多选择学习的机会。要求学生修习限定选修课的学分具体见各专业人才培养方案毕业基本要求。

2. 任意选修课

任意选修课是指为了扩大学生知识面和技能，培养、发展学生爱好、特长和潜能而设计的课程。包括：继续深造的需要；为掌握一技之长的需要；扩大知识面的需要及提高人文修养的需要等。学院每学期开出一定数量的任意选修课程，供学生选择学习。

七、学分绩

学分绩和平均学分绩是反映学生学习整体质量的一种有效的激励和竞争机制。

1）学分绩 = 一门课程的学分 × 该课程考核成绩。

2）平均学分绩 = $\sum$（课程学分 × 课程考核成绩）/ $\sum$ 课程学分。

3）学分绩计算中"课程考核成绩"为百分制成绩，在计算学分绩时一律按如下关系计算。

五级制成绩折算标准为：优秀95分、良好85分、中75分、及格60分、不及格55分；两级制成绩折算标准为：通过80分、不通过55分；免修课程成绩按最后考核成绩计分；旷考、考试作弊的，该课程成绩以零分计；缓考的学生，该课程成绩按缓考后实际成绩计算。

4）如学生修读某门课程考核不合格，则该课程学分绩为零。但在计算平均学分绩时，分母（$\sum$课程学分）应包含考核不合格课程的学分。

5）学生考核不合格课程或考核成绩不理想的课程可以重修，经重修重考后，将最高成绩记入学生成绩档案，作为该门课程的最终成绩计算学分绩。

6）平均学分绩用来评价学生的学习质量，并作为评优、评定奖学金、推荐升学和就业的重要依据。

八、选课

1）学生选课应参照专业人才培养方案按学期进行，各二级系部（学院）应组织教师对学生加强指导。选课时要首先保证必修课的学习，对有严格的先行后续关系的课程，应先选先行课，再选后续课。

2）学生选课一般应以"时间安排上不冲突"为原则，如无法完全保证时应遵循如下规定。

① 不能选修时间完全冲突的课程。

② 上学期平均学分绩高于85分的学生，经任课教师同意，学生所在系部（学院）领导批准方可选择一部分时间冲突的课程，但每周冲突的时间不得多于该课程周课时的1/2，且必须优先保证必修课。

3）为了保证知识传授的整体性，对于需多学期开设才能完成的课程（如高数、外语等），应连续选课学习。否则，该课程已取得的学分作废。

4）教务处于每学期的第4周公布本学期的任选课程、任课教师及选课容量。学生在每学期的第5周进行任选课选课及补选。教务处在每学期的第6周公布选课结果，第7周开课。

5）学生对已选课程一般不得退选和改选，如有特殊情况，须经开课系部（学院）教学负责人同意，教务处批准，可于选课结果公布一周内办理退选和改选，有漏选、错选者也在同一时间内办理。

6）专业限定选修课教学班选课人数低于15人、全院性任意选修课教学班选课人数低于30人时，原则上停开。

九、课程考核与重修（或改修）

1）学生每学期选定的课程，必须参加修读和考核，不参加考核者按考核不合格处理。

2）考核成绩一经评定，不得随意更改。如有特殊情况，应由原评定成绩教师向教研室主任提出书面报告，经系部（学院）负责人审核确认，上报教务处批准，方可更改。

3）选修课不合格可以重修，也可以改选其他选修课程。

4）同一门课可以多次重修，学生如对自己某门课的考试成绩不满意，也可申请重修，最终成绩可按其中的高分记载。

十、自修或免修

1）对学习成绩优秀、平均学分绩达85分的学生，认为某门课程通过自学可以掌握者，须写出书面申请，经任课教师及学生所在系部（学院）负责人批准，可以自修该课程。但自修课的实践环节不得免做，作业必须完成，且考核合格者方可取得学分。

2）学生对某门课程通过自学或其他形式的学习认为达到该课程标准的要求，可以申请免修，但不免考，须参加该课程的终结考核，课程成绩以最终考核成绩记入学生成绩档案。学生申请免修某一门课程，必须经系部（学院）主要负责人批准，方可同意免修。

3）实验、实训、实习、课程设计、毕业设计、体育课、政治理论课、形势政策课均不准免修。

十一、学分互认

对于和包头职业技术学院有学分互认协议的实行学分制管理的不同高等院校课程和网络在线课程（一般限于任意选修课程），可认可学生跨校所修的课程学分和网络在线修读的课程学分。采取这种方式修读的课程学分须填写学分认定申请表。

十二、编班与学籍管理

1）实行学分制后，学生仍按系、专业、年级编班，称为行政班。对于选修课，按选修课程选修人数形成教学班。

2）在规定学制内未能修满规定学分或尚有某些教学环节未完成者，可以申请延长学习年限。在延长期限内，编入低年级相应的行政班进行管理。

3）在规定的最长学习期限内如未能达到毕业要求时，按结业处理。

附件 1. 23

机械产品检测检验技术专业现代学徒制专任教师工作职责

一、教育职责

1）学习贯彻《教育法》《职业教育法》，不断更新教育观念，坚持实施能力培养教育，努力学习理论文化知识、提高业务水平，主动适应新时期教育对教师学识水平的要求。

2）全面贯彻党的教育方针，全面提高教学质量，对每个学生负责，对所教学科的质量负责，为学生学会做人、做事、做学问打好基础。

3）遵纪守法，模范地遵守《教师职业道德标准》，提高个人的法制观念。

4）端正教学思想和态度，规范教育行为，有机地进行思想教育和行为规范、良好习惯的养成；不得体罚或变相体罚学生，不得谩骂挖苦学生，不得随意停课或把学生赶出教室。

5）热爱学生，确立为学生服务的思想。在教育工作中，坚持正确教育，既严格要求又耐心细致，防止简单粗暴，杜绝体罚和变相体罚学生，尊重学生的人格。有责任对学生不当的思想行为进行引导、规劝和教育。

6）为人师表，教书育人，有高尚的师德、精湛的业务、良好的仪容、和谐的人际关系，受学生爱戴和家长信赖。

二、教学职责

1）熟悉并掌握所任学科的教学大纲，认真钻研教材和备课，写好教案，认真上好课，精心设计学生作业，并及时认真批改。努力提高每节课的质量。

2）做好教学计划和总结，改进教学方法，提高教学效率，注意发挥教师和学生两方面的积极性；注意开发智力，发展能力，培养创造型人才。

3）实事求是、认真负责地对学生的学习成绩进行考核与评定，对学困生应给予个别帮助与辅导。

4）掌握教学大纲，把握教材的重难点体系和内在联系，从学生实际出发，加强双基、发展智力、培养能力；按计划实施有效的教学，注重学生动手能力和技能的培养。专业教师必须对学生进行严格的技能训练，负责本专业学生的技能培训与测试。

5）精心备好每节课，上好每节课，设计教法，指导学法，体现德育、心育，管教、管导、管会，不误课、不拖堂，精讲精练，有效地利用好教学时间。

6）按教育教学规律办事，全面落实教学常规要求，重视课堂教学针对性、实效性，提高吸收率、巩固率，抓好早晚自习，辅导答疑和对学困生的补课，不让一个学生掉队。

7）严格作业和考试制度，精心布置、批改作业，有计划地搞好测验考核，杜绝抄袭作业和考试作弊，及时搞好质量分析，因材施教。

8）搞好教研和科研活动，落实学校的各项规章制度，完成学校交给的其他各项任务。

三、管理职责

专业部负责本专业部的专业管理、教学管理、学生管理和安全管理，包括教学、教研、招生、就业、培训、课程改革、专业建设、校企合作、安全管理等方面。

（一）专业管理

1）制定本专业人才培养方案。制定本专业现代学徒制人才培养方案（校企两个版本）并定期进行意见反馈并完成后续的修订工作。

2）制定计划。制定专业理论课与实践课教学计划，并实施专业发展规划；教研室负责人制定本专业部年度的教学、教研工作计划并组织实施。

3）专业建设。每3年要对教育部所列专业的培养目标进行一次调整。

4）实习实训。加强校内外实习基地建设，编制实习计划，组织学生进行专业实习，加强学生技能训练；负责组队、训练、参加国家技能大赛；组织学生考取专业相关的职业技能证书。

5）培训。积极开展专业教师的职业技能实操培训、技能考核、技能竞赛，合理安排专业教师到合作企业实践锻炼。

（二）教学管理

1）教学常规。定期参加本部教学工作会议。

2）教研工作。积极参与教研工作，定期组织本专业公开课（一般每学期公开课人数不得少于本专业人数的25%）。引导教师开展课题研究，搞好青年教师培养，开展校本培训，选拔、推荐教师参加省级、国家级培训。

3）课程改革。开发课程体系，组织编写教学大纲；在教务处的指导下，结合实际情况，组织开展部分课程的考试及技能考核工作，建立健全专业课程考核标准。

（三）学生管理

1）招生。在学校指导下参与招生工作，加强专业宣传和专业学习指导，树立学生对专业学习和就业前景的信心。

2）德育和学生管理。贯彻落实学校德育工作实施方案，积极配合本部的德育和学生管理工作。

3）定期召开本专业学生干部会议，分析本专业教育工作中出现的问题，采取有效措施加强学生的教育工作，以保证本专业教育教学工作的顺利进行。

（四）安全管理

加强本专业现代学徒制学生（学徒）校内学习与校外实习实训环节的安全管理，并出台相关管理制度与管理办法来保障学生（学徒）的人身安全。

附件 1.24

机械产品检测检验技术专业现代学徒制带教师傅工作职责

一、教育职责

1）遵守《教师职业道德标准》，负责学生（学徒）计量检测领域相关职业技能的培育与提升，全面提高实践教学质量与学徒的专业技能水平。

2）加强计量检测职业领域岗位要求、职业道德、劳动纪律教育，注重企业优良兵工文化的培育与传承。

3）端正教学思想和态度，规范教育行为，有机地进行思想教育和行为规范，注重学徒良好习惯的养成。

4）热爱学生，确立为学生服务的思想。在教育工作中，坚持正确教育，既严格要求又耐心细致，防止简单粗暴，杜绝体罚和变相体罚学生，尊重学生的人格。有责任对学生不当的思想行为进行引导、规劝和教育。

5）为人师表，教书育人，有高尚的师德、精湛的业务、良好的仪容、和谐的人际关系，受学生爱戴和家长信赖。

二、教学职责

1）负责指导学徒熟悉企业规章制度、岗位要求、实习环境。

2）熟悉并掌握所任学科的教学大纲，认真钻研教材和备课，写好教案，认真上好课，精心设计学生作业，并及时认真批改。努力提高每节课的质量。

3）认真做好对学生技能训练的指导和各技术环节的示范，使学生尽快掌握实际操作技能，严格要求学生，并经常进行提问、讲解与指导。

4）掌握教学大纲，把握教材的重难点体系和内在联系，从学生实际出发，按计划实施有效的教学，注重学生操作技能的培养。

5）严格作业与考核制度，精心布置、批改作业，有计划地进行测验考核，杜绝抄袭作业和考试作弊，及时进行质量分析，因材施教。

6）组织并实施好教研和科研活动，落实学校制定的各项管理制度，积极参与并完成学校交给的其他各项任务。

7）参与制定本专业人才培养方案并定期进行意见反馈并完成后续的修订工作。

8）严格按照课程标准制定教学计划，并按照授课计划组织开展教学。

9）积极参与专业建设如课程体系开发、专业课程教材编写等工作。

三、管理职责

主要负责学徒实习实训期间的教学管理和安全管理。

（一）教学管理

1）认真做好学徒的日常考勤，督促学徒及时填写实习手册。

2）实行学徒信息通报制度，定期向学校、学徒家长通报学徒实习状况。

（二）安全管理

监督学徒严格遵守企业的各项安全生产规章制度，在实习实训期过程中指导学徒采取必要的安全防护措施来保障学徒的人身安全。

附件1.25

机械产品检测检验技术专业实习纲要

一、实习目的及任务

将所学的理论知识与实践结合起来，培养勇于探索的创新精神，提高动手能力，加强社会活动能力，树立严肃认真的学习态度，为以后专业实习和走上工作岗位打下坚实的基础。各类实习是教学计划的重要部分，它是培养学生解决实际问题能力的第二课堂，它是专业知识培养的摇篮，也是对工业生产流水线的直接认识与认知。实习中应该深入实际，认真观察，获取直接经验知识，巩固所学基本理论，保质保量地完成指导老师所布置任务。学习工人师傅和工程技术人员的勤劳刻苦的优秀品质和敬业奉献的良好作风，培养我们的实践能力和创新能力，开拓我们的视野，培养生产实际中研究、观察、分析、解决问题的能力。

实习是工科学生的必修课，通过实习，对专业建立感性认识，并进一步了解本专业的学习实践环节。通过接触实际生产过程，一方面，达到对所学专业的性质、内容及其在工程技术领域中的地位有一定的认识，为了解和巩固专业思想创造条件，在实践中了解专业、熟悉专业、热爱专业；另一方面，巩固和加深理解在课堂所学的理论知识，让自己的理论知识更加扎实，专业技能更加过硬，更加善于理论联系实际。再有，到工厂去参观各种工艺流程，为进一步学习技术基础和专业课程奠定基础。

二、专业实习的总体安排

专业实习的总体安排见表1-74。

表1-74　专业实习的总体安排

实习名称	学时安排	时间安排	实习属性	所属阶段
热加工实习	30	第一学期	专业基础实习	学徒入门阶段
质量检测认识实习	30	第一学期	认知实习	
钳工实习	30	第二学期	专业基础实习	
通用量具使用实训	30	第二学期	专业实习	
冷加工实习	60	第三学期	专业基础实习	
企业生产实习	30	第三学期	专业实习	
测量技术实训	90	第三学期	专业实习	学徒成长阶段
机械产品检测实训	90	第四学期	专业实习	
毕业综合技能训练	180	第五学期	专业实习	学徒成熟阶段
顶岗实习	480	第六学期	顶岗实习	

三、实习方式

机械产品检测检验技术专业采用校企融合的培养方式，主要体现在培训教师由学校教师和企业师傅组成，实习的场所由学校的实训基地和企业生产现场组成。

四、实习内容要求

1）认知实习：学会从技术人员和工人们那里获得直接的和间接地生产实践经验，积累相关的生产知识。通过认知实习，学习机械产品检测检验技术专业方面的生产实践知识，为专业课学习打下坚实的基础，同时也能够为毕业后走向工作岗位积累有用的经验。

2）专业实习：一般在专业理论程结束，为专业理论和实操相结合及巩固。机械产品检测检验技术专业实习岗位上练就本领和技能，为到相关专业工作及职场上打下坚实的基础和初步的工作经验。

3）顶岗实习：大学生在学校的最后一个学期必须参加的企业实习。优秀的实习生可在毕业后直接转正，省去试用期和再找工作的时间。

五、实习组织工作

学生在校实习时，按照学校的相关规定执行。学徒集体进入企业实习，学校指派驻点老师，由驻点老师和师傅组成管理队伍，成立由班长、纪律委员、卫生安全委员组成的班委会。在各宿舍要成立小组，选出小组长，形成集体领导、专人负责、从上到下与学校紧密联系的管理结构。确保情况有人问，问题有人抓，便于信息畅通，学校企业互动。形成不脱离企业、不脱离学校的企业现代学徒制班级。

六、实习纪律

1）遵守国家政策法令、公共秩序，维护社会公德。

2）服从安排，听从指挥，未经带队教师和师傅批准不得私自离队。

3）爱护实习单位及场地的一草一木，不得践踏和损坏，爱护公共及个人财产；尊敬实习单位的领导及同志，努力与实习单位搞好关系，遵守实习单位的各项规定和纪律。

4）注意安全，要统一行动，听从指挥；进场必须佩戴安全帽，同学之间，师生之间要相互关心，互相帮助。

5）一定要保护保管好实习场所及实习单位的资料，保守机密，使用过的资料必须完整无缺，及时归还。

6）实习中要尊重师傅的指导，主动协助企业做一些力所能及的工作，如技术革新、公益劳动等，密切企校关系。

七、成绩评定

1）实习成绩由各自师傅认定，按优秀、良好、中等、及格和不及格5级记分。

2）成绩组成：

实习资料的收集情况、实习日记和实习报告完成质量占70%～80%，实习表现（遵守纪律情况、出勤、态度等）占20%～30%。

附件1.26

机械产品检测检验技术专业现代学徒制
教学管理与学徒管理纲要

为了完善机械产品检测检验技术专业现代学徒制培养教学管理与学徒管理的相关纲领性文件，特制定本纲要，具体内容如下。

一、教学管理

1）制定校企联合的学徒人才培养方案，包括模块化课程开发、教材编制、学分制教学计划、教学管理和教学评价等内容。

2）学校和企业共同完善现代学徒制实施过程中配套的标准与制度，包括学分制与弹性学制、学徒技能标准、学徒考核标准、企业师傅标准等。

3）采取校内学习、送教上门、现场师傅带徒等灵活多样的教学方式实施教学，保证教学质量和教学程序的完整性。

4）建设校企"双导师"教师团队。安排骨干教师到企业现场锻炼，并以"指导师傅"的身份现场教学并协助学徒管理；负责企业师傅的聘任，建立各企业优秀实训教师库。

5）学徒在校学习期间，如企业有重大集体性活动时，需要安排"现代学徒制"班级学生参加，以提高学徒的自豪感和归属感。

二、学徒管理

1）制定《学分制学籍管理办法》，严格遵守国家学籍管理、免学费、助学金等相关管理制度，严把录取、注册和国家资助等关口。

2）配备双班主任，学校和企业各为班级配备一名班主任，学校老师负责学徒校内的日常管理，企业班主任负责企业实训管理工作。

3）建全学生档案资料，详细记录学徒在企业的每门实训课程，形成培训清单和总结，并由学徒的师傅签字确认，学生在校和在企业所获的奖惩也详细记录在档案内。

4）学徒在企业实习期间，企业应配备统一的工装或统一标示的服装、专用教室、企业文化展板等。同时由企业主要负责培训管理等工作，包括健康安全培训。符合岗位要求的学徒，应为其提供洁净舒适的宿舍，提供干净卫生的用餐等。

5）学徒在企业实习期间，企业付给学徒实习补贴。

6）学徒在企业实习按照学期评定奖学金，奖学金按照总人数的30%进行评选，进行奖励。

7）学徒在企业实习期间，学校要指派老师入企业共同协助管理和顶岗实习。

附件 1. 27

机械产品检测检验技术专业
学生企业实习报告

姓名：_____

班级：_____

学号：_____

组别：_____

学时：_____

学校指导老师：_____

企业指导老师：_____

项目起止时间：　　年　　月　　日至　　年　　月　　日

实习名称			实习时间	
实习地点			实习岗位	

实习内容	

实习心得	

	评价项目	分值	评价参考标准	企业导师打分	学校导师打分
导师评价	职业素养	10	有良好的职业道德和敬业精神，服务态度好		
	学习态度	10	接受企业师傅和学校指导教师的指导，虚心好学，勤奋，踏实		
	工作态度	10	工作积极主动，认真负责，踏实肯干，善始善终		
	项目报告完成情况	35	操作规范性，报告合理性与完整性		
	人际关系	5	对人热情有礼，尊重师傅、指导教师及企业同事、领导		
	沟通能力	10	能根据不同的沟通对象和环境采取不同的沟通方式，达到沟通目的		
	协作能力	10	能正确处理好个人与集体的关系，有团队合作精神		
	创新意识	10	善于总结求新，能提出有建设性的意见或建议		

（续）

学校评价	得分： 学校导师签字： 年　月　日	
企业评价	☐ 很满意（90）　☐ 满意（80）　☐ 一般（70~60）　☐ 不满意（60分以下） 总分： 企业导师签字： 年　月　日	

附件 1.28

机械产品检测检验技术专业现代学徒制
学徒实习管理办法

为了完善机械产品检测检验技术专业现代学徒制企业岗位教学实习实训环节的管理，更好地规范学生校外实习实训期间的日常行为，特制定学徒实习管理办法，专任教师与带教师傅可以依据此办法对学徒实习实训期间的日常行为规范进行管理。学徒实习管理办法具体内容如下。

一、上班制度

1）学徒必须严格遵守工作单位的有关规章制度，进出单位必须出示有关证件，上班不迟到、不早退，按时进入指定的工作岗位，下班须办好交接手续，经师傅允许后，方可离开。

2）学徒进入工作场地前必须穿好工作制服，戴好劳保用品，做好一切准备工作，确保安全、文明生产。

3）学徒不准擅自离开工作岗位，有事离岗须经组长或师傅批准，返回岗位向班组或师傅报告，同意后方可上岗。

4）学徒必须听从带教师傅指导，严格遵守安全操作规程，爱护设备，不乱动设备，不得无故损坏设备。如发现故障或异常现象，应立即报告值班领导和师傅，未经允许，不得任意拆卸或起动设备，确保人身、设备的安全。

5）爱护工具、量具，节约原材料，认真做好所在岗位的设备保养，做好实习场地和工位的清洁卫生工作。

6）在工作场所内，不准嬉闹、奔跑和大声叫喊，上班不准串岗、打瞌睡、干私活、看小说等，不准参加非本单位组织的其他活动。

7）尊重实习单位领导、带教师傅和其他工作人员，听从安排、服从分配，安心本职工作，做到谦虚谨慎、勤学好问、刻苦钻研、学以致用、精益求精，提高操作技能，争取尽快达到顶岗实习的合格要求。

8）严格遵守实习单位的保密制度，不得将技术或商业情报向外泄露，维护实习单位利益。

二、考勤制度

1）学徒在轮岗实习期间实行双重考勤，即所在实习单位带教师傅日常考勤与学校指导教师的日常考勤。

2）学徒必须按时参加在实习单位规定的上班、培训或其他活动，因故不能参加者，必须办理请假手续，否则按旷工处理。

3）学徒原则上不允许请事假，如遇特殊情况，必须按照有关规定办理相关请假手续。

4）学徒请病、事假，应经实习单位领导同意，请假3天以上者必须经学校审核。否则，按旷工和学校规章制度处理。

三、其他规定

1）学徒必须遵纪守法，遵守社会公德，互帮互助，自尊自爱，自觉接受实习单位、学校的双重教育和管理。

2）学生进入学徒期须本人申请、家长同意，学校根据学生所学专业，选择并安排实习单位，签订三方协议。

3）学徒必须遵守学校对实习生的管理规定和安排，及时缴纳学费，按时参加学校组织的活动，认真写实习日志，经常向学校、家长汇报实习情况。

4）学徒未经允许不能擅自离开实习单位，确有特殊原因，必须事先办理离岗手续并征得实习单位的同意和学校的批准。

5）学徒对实习单位的安排和处理确有意见，应及时与学校联系并报告，由学校依据事实与单位负责协商。学徒不得直接与实习单位发生冲突。

6）学徒必须参加轮岗实习考核和技能鉴定，做好实习总结，经实习单位签署意见后交给学校。

7）轮岗实习结束，学校组织优秀学徒评比工作，对优秀学徒进行表彰奖励。若学徒最终考核为不合格，须延长轮岗实习时间，直至考核合格，方可转为准员工，进行顶岗实习。

8）学徒必须注意自身的学生形象，穿着朴素大方，举止文明，不得自行在外联系住宿，严禁吸毒、吸烟、喝酒、赌博、打架斗殴，不看不健康的书刊。

附件 1.29

机械产品检测检验技术专业现代学徒制企业师傅
教学质量评价表

导师姓名：_____ 授课课程：_____ 施教地点：_____

专业：_____ 班级及学号：_____ 评价时间：_____

评价项目	评价内容	优	良	中	及格	不及格
		10~9分	8.9~8分	7.9~7分	6.9~6分	5.9分以下
教学状态	解答及时，耐心细致，不敷衍学生					
	关心学徒，能主动帮助学徒解决工作中的问题					
教学过程和教学内容	岗位操作技能娴熟，示范规范					
	带教内容与专业密切相关					
	带教指导讲解清晰，描述准确、通俗易懂					
	能在规定的时间内完成带教内容					
	能进行工作纪律和职业道德教育					
教学手段	鼓励提出问题和质疑，重视带教效果反馈					
	带教方法适当，能正确处理师徒关系					
	注重对学徒的工作纪律管理					
对任课老师的总体评价						

1. 在你的工作和学习中，最需要导师给予哪些帮助？

2. 你认为最好的导师带教方法是什么？为什么？

附件1.30

机械产品检测检验技术专业现代学徒制学校导师
教学质量评价表

导师姓名：_____ 授课课程：_____ 施教地点：_____

专业：_____ 班级及学号：_____ 评价时间：_____

评价项目	评价内容	优	良	中	及格	不及格
		10～9分	8.9～8分	7.9～7分	6.9～6分	5.9分以下
教学状态	教学态度严谨，课前准备充分，课程目标和任务明确，教学内容安排有条理					
	解答及时，耐心细致，不敷衍学生					
教学状态和教学内容	讲课思路清晰，阐述准确、表达生动、通俗易懂					
	熟悉教学内容，能理论联系实际					
	教学目标明确，重点突出					
	教学案例典型，能结合岗位工作，有启发性					
	信息量和难易程度适中					
教学手段	教学方法灵活多变，课堂氛围活跃					
	注重师生互动，鼓励学生提问与质疑					
	重视对学生考勤和纪律的管理					
对任课导师的总体评价						

1. 你对导师的综合评价和建议是什么？

_____

2. 你希望增加或减少哪些内容？对课程有什么更好的建议？

_____

3. 导师讲授的内容对你的工作是否有帮助？

_____

案例篇

一、校企协同构建具有兵工特色的现代学徒制人才培养制度与标准

（一）背景描述

机械产品检测检验技术专业自成功申报 2017 年教育部第二批现代学徒制试点项目以来，严格按照《教育部关于开展现代学徒制试点工作的意见》（教职成〔2014〕9 号）和《教育部办公厅关于做好 2017 年度现代学徒制试点工作的通知》（教职成厅函〔2017〕17 号）等文件的相关要求，积极开展试点建设工作，将校企双主体协同育人、岗位成才机制的建立作为本专业现代学徒制试点的核心内容，利用合作企业的强大兵工背景，在培养学生核心技能的同时注重职业精神、兵工精神的弘扬与培育，力争实现职业技能与兵工精神的有机融合。

（二）案例内容

校企双方根据机械产品检测检验技术专业技术技能型人才的成长规律以及合作企业的岗位要求共同制定人才培养制度与标准。

1. 校企双方协同制定完成岗位标准

通过校企各级领导与专业技术人员多次座谈研讨（图 2-1 至图 2-5），根据 3 家合作单位计量检测岗位的用人需求，确定本专业毕业生的主要职业领域和就业岗位（群）（表 2-1）。

图 2-1　包头职业技术学院领导到一机集团计量检测中心调研

图 2-2　包头职业技术学院领导到丰达石油装备股份有限公司调研

图 2-3　包头职业技术学院领导到天津立中集团进行调研

图 2-4　校企专家论证会

图 2-5　校企专家研讨会

表 2-1 本专业现代学徒制人才培养主体岗位（群）与职业领域

序号	合作企业	职业领域	主体培养岗位	
			培养岗位	毕业后升迁岗位
1	内蒙古第一机械集团有限公司计量检测中心	检验试验工程技术人员	长度计量	几何量计量管理岗几何量精密检测管理岗
			几何量精密检测	
			几何量计量技术	
2	丰达石油装备股份有限公司	机械工程技术人员	螺纹管检测	检测管理岗
3	天津立中集团包头盛泰汽车零部件制造有限公司	机械工程技术人员	汽车轮毂综合性能检测	检测管理岗

最终确定几何量计量、几何量精密检测、几何量计量技术、螺纹管检测、汽车轮毂综合性能检测 5 个典型工作岗位。通过分析具体岗位的岗位要求与人才质量需求，具体分解各岗位的具体工作任务、分析完成典型工作任务所应具备的能力要求，校企双方协同制定出岗位标准。

2. 校企双方协同制定完成本专业人才培养方案（校企两个版本）

校企双方根据合作单位用人需求与岗位标准作为人才培养目标，协同开发专业课程体系，共同制定本专业学校专业人才培养方案和企业人才培养方案。在制定人才培养方案的过程中，意将兵工精神的弘扬与培育融入人才培养的全过程，特设兵工文化特色内容，如企业专家讲座课程主要开设"兵工精神""吴运铎纪实"等内容，以学生（学徒）的技能培养为核心，同时注重企业兵工文化内涵的培育，形成具有兵工特色的人才培养方案。

3. 校企双方协同制定完成本专业教学标准与 6 门专业课程的课程标准

校企双方通过深入合作以专业设置与产业需求、课程内容与职业标准、教学过程与生产过程"三个对接"为原则协同制定本专业教学标准与课程标准（6 门），全力保障专业课程的组织与实施。

4. 校企双方协同制定完成本专业 5 门专业课程的教学方案

校企双方针对生源的具体特点，与 3 家合作单位协同制定完成"机械加工质量控制与检测""计量仪器与检测""测量技术实训""量仪检定与调修技术""几何量计量"5 门专业核心课程的教学方案。在制定教学方案过程中，要注重因材施教、因地施教，同时要注重采用理论与实践相结合的教学模式，全力保障本专业核心课程的组织与实施。

（三）案例效果

1) 校企双方在协同制定人才培养制度与标准过程中，以专业人才培养规格对接企业用人需求、课程内容对接职业标准、教学过程对接生产过程"三个对接"为切入点，切实提升学生（学徒）岗位技术核心能力，实现学生（学徒）岗位技术核心能力与企业岗位需求"无缝对接"。

2) 校企双方在践行双主体育人的过程中，随着行业科学技术的进步与产业升级，便于及时发现相关制度与标准存在的问题并及时加以完善，可保证教学内容与岗位需求紧密对接。

（四）分析总结

1) 校企协同完善人才培养制度与标准，通过分析职业岗位素质要求，构建岗位标准、课程体系、制定人才培养方案、课程标准与教学方案，通过互渗交互、在岗交互等培养模式使企业岗位技能培养与学历教育达到有机融合，提升人才培养质量。

2）校企在协同完善人才培养制度与标准的过程中，在以学生（学徒）岗位技能核心能力培养为主要目标的同时注重合作企业优秀职业精神的弘扬与培育，在人才培养过程中，实现专业职业技能与职业精神的有机融合。

二、校企协同构建新型评价模式

（一）实施背景

在机械产品检测检验技术专业现代学徒制试点专业的建设过程中，通过与合作企业的深度合作，校企协同构建创新学生的评价体系，构建了"以岗位要求为导向，以学生职业能力为核心、以培养学生职业技能与职业精神为主线"的由学校、企业（行业）、职业技能鉴定机构等多方参与的新型学生考核评价模式。通过校内评价体系、校外评价体系以及第三方认证对学生的职业素养、兵工精神、专业技能等进行全方位的科学评价，实现"学生—学徒—准员工—员工"的顺利过渡，如图2-6所示。

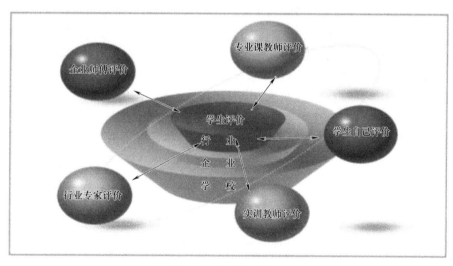

图2-6　新型评价模式

（二）主要目标

1）构建以"专业课教师-实训指导教师-企业兼职教师"构成的校内学生学业评价体系，以检验学生的职业素养、专业知识、企业兵工文化及基本操作技能。

2）构建由"学校教师-企业师傅"组成的双导师评价体系，以检验、评价学生的职业核心技能和综合职业素养。

3）引入第三方认证，由具有发证资格的劳动、安监、人事等职业资格鉴定机构对我校学生进行考核。

4）通过科学的考核评价模式的构建，指引学校教育教学的重点从传统的知识体系向能力、素质本位转变，培养出更多适合企业生产的技术技能型人才，实现学校培养和企业需求零距离接轨。

（三）工作规程

1. 校内评价体系

学生在学校的文化基础、专业理论和实训基础学习由校企双方共同参与人才培养。企业生产、产品制造、生产流程等相关课程由企业主讲，企业文化及素养课程由企业经理授课，识图及手工绘图由企业师傅到校传授。学生在学校完成技术专业（文化）课程理论学习的任务，掌握专业所需各项基本技能，企业也会派出技术骨干和一线管理者担任兼职教师，提供见习、简单任务的岗位实习等，践行六个对接（学校与企业、基地与车间、专业与产业、教师与师傅、学生与员工、培养培训与终身教育），让学生体验、模仿和尝试，并感悟企业文化。学业水平的考核通过以下3个方面实现。

（1）过程性评价　过程性评价主要指对学生学习过程的评价，采用任务驱动、项目引领的"行动导向"的教学模式，以典型工作任务为载体，进行一体化教学。对学生的考核评价内容包括职业素养（10分）、学习态度（10分）、工作态度（10分）、项目报告完成情况（35分）、人际关系（5分）、沟通能力（10分）、协作能力（10分）、创新意识（10分）。考核评价在学生每完成一个学习任务后，由任课教师引导依据考核评价标准采取学生自评、互评、小组互评、教师评价的方式，以量化打分的形式完成，考核结果采取周小结，周公布，月总结，月公布，期末总评的方式。过程性考核成绩占学生学科综合成绩的50%。

（2）终结性评价　聘请企业、行业专家成立考核委员会，依据专业教学标准、行业标准、企业岗位技能要求确定考核内容。考核采取实践操作、理实一体化等形式进行。所有科目的命题、监考、阅卷、统分均由考核委员会专家完成。终结性评价成绩占学生学科综合成绩的50%。

任课教师按照《学生成绩考核管理规定》，将过程性评价得分和终结性评价得分相加，得出学生的综合成绩。

2. 校外评价体系

学生在企业学习的企业综合素养和职业核心技能考核由"学校指导教师-企业师傅"组成的双导师来完成。学生进企业后，学校指导教师与企业师傅根据企业岗位技能要求协同制定相应的考核内容和考核标准，对学徒的职业素养、职业态度、职业核心能力进行考核。学生考核通过后，由学生和企业进行双向选择，双方签订劳动就业协议书，成为企业正式员工，学徒享有进入合作企业工作的优先权。

3. 第三方认证

在学生顶岗实习结束后，由劳动、安监、人事等职业资格检定机构对包头职业技术学院学生进行考核，取得国家劳动部门颁发的职业资格证书，实现了能力考核与技能鉴定相融合，大大提高了学生的专业素质。

（四）条件保障

1. 制度保障

制定《学生学业成绩考核管理规定》《毕业证发放管理办法》等管理性文件，并严格实施，确保了项目的顺利开展。

2. 组织保障

成立了以系部领导为组长的学生评价体系改革领导小组，下设多个工作小组，分工明确，责任到人，为项目开展提供组织保障。

（五）实际成效

这种评价模式全面、客观、公正，激发了学生学习兴趣，实现了学生职业核心技能与职业精神的全面培育，全面提升了人才培养质量，得到合作企业的高度认可。

（六）体会与思考

1）新的学生评价体系的构建，对教学质量的提升起到了较大的促进作用，但也意味着校企双方必须深度合作，校企双方要力争做到无缝对接，这将是个艰难的过程。

2）过程性评价周期较长，需要任课教师秉持细心、认真、客观、公正的态度和持之以恒的工作作风，更需要爱岗敬业的精神。学生评价表见表2-2。

表2-2 学生评价表

模块内容			项目任务	
学习时间			学习地点	
学习内容				
学习心得				

	评价项目	分值	评价参考标准	企业导师打分	学校导师打分
导师评价	职业素养	10	有良好的职业道德和敬业精神，服务态度好		
	学习态度	10	接受企业师傅和学校指导教师的指导，虚心好学，勤奋，踏实		
	工作态度	10	工作积极主动，认真负责，踏实肯干，善始善终		
	项目报告完成情况	35	操作规范性，报告合理性与完整性		
	人际关系	5	对人热情有礼，尊重师傅、指导教师及企业同事、领导		
	沟通能力	10	能根据不同的沟通对象和环境采取不同的沟通方式，达到沟通目的		
	协作能力	10	能正确处理好个人与集体的关系，有团队合作精神		
	创新意识	10	善于总结求新，能提出有建设性的意见或建议		

（续）

学校评价	□ 优秀（90） □ 良好（80） □ 中等（70） □ 合格（60） □ 不合格（60分以下）
	学校导师签字
	年 月 日
企业评价	□ 很满意（90） □ 满意（80） □ 一般（70~60） □ 不满意（60分以下）
	企业导师签字：
	年 月 日

三、校企协同创新人才培养新模式

（一）校企协同搭建校企合作平台

1. 构建校企协同育人机制

（1）校企签订校企合作协议　包头职业技术学院与内蒙古第一机械集团有限公司计量检测中心、丰达石油装备股份有限公司、天津立中集团包头盛泰汽车零部件制造有限公司已达成构建现代学徒制人才合作培养意向，签署《机械产品检测检验技术专业现代学徒制培养模式校企合作协议书》，明确校企双方在人才培养过程的职责分工等具体内容，如图2-7~图2-9所示。校企强强联合，实现产、教优势互补，共同为现代学徒制人才培养搭建平台。

图2-7　校企合作协议签约仪式（一）

图2-8　校企合作协议签约仪式（二）

（2）校企协同制定完成《机械产品检测检验技术专业现代学徒制人才培养成本分担机制》 根据教育部《现代学徒制试点工作实施方案》中明确提出的试点内容，以"探索人才培养成本分担机制，统筹利用好校内实训场所、公共实训中心和企业实习岗位等教学资源，形成企业与职业院校联合开展现代学徒制的长效机制"为出发点，通过校企协同探索初步构建机械产品检测检验技术专业现代学徒制人才成本分担机制，明确在人才培养过程中培养成本分担等内容。

图2-9 校企合作协议签约仪式（三）

（3）校企协同制定完成《校企资源数据表》 充分利用机械产品检测检验专业现代学徒制建设平台，有效整合校企资源，实现资源共享、合作共赢，特制定校企资源数据表，主要涵盖用于现代学徒制建设的校企软实力（师资队伍）与硬件（校内外实训资源）等资源内容。

2. 校企协同推进招生招工一体化

（1）校企协同制定并签署《机械产品检测检验技术专业现代学徒制招生招工联合培养协议》 校企双方本着"三方"即学徒、企业、学校"利益共同"的理念推进招生招工一体化。通过校企协同制定招生招工方案来规范本专业招生招工工作的具体流程，如图2-10 ~ 图2-12 所示。

图2-10 校企招生招工协议签约仪式（一）

图2-11 校企招生招工协议签约仪式（二）

（2）学校、企业和学生（学徒）联合签署《机械产品检测检验技术专业现代学徒制三方协议书》 通过三方协议明确学徒的企业员工和职业院校学生双重身份，明确各方权益及学徒在岗培养的具体岗位、权益保障措施等内容，如图2-13 ~ 图2-15 所示。

图 2-12　校企招生招工协议签约仪式（三）

图 2-13　三方协议签约仪式（一）

图 2-14　三方协议签约仪式（二）

图 2-15　三方协议签约仪式（三）

（二）建设校企互聘共用的师资队伍

双导师队伍建设是机械产品检测检验技术专业现代学徒制的重要建设内容，校企积极探索互聘共用的双导师教学团队的打造，具体取得以下工作成果。

1. 校企协同制定《机械产品检测检验技术专业双导师队伍建设实施纲要》

《机械产品检测检验技术专业双导师队伍建设实施纲要》明确了双导师的遴选流程与具体聘用条件，双导师的具体职责、日常管理、组织培养以及考核评价等相关内容，属于打造双导师队伍建设的纲领性文件。

2. 校企签订《双导师互聘共用合作协议》《包头职业技术学院现代学徒制双导师聘任审批表》，企业导师与学徒签订《师徒协议书》

为打造高质量的双导师教学团队，校企双方签订《双导师互聘共用合作协议》，根据企业导师聘用要求下发《包头职业技术学院现代学徒制双导师聘任审批表》，对 3 家合作企业的专业技术人员进行遴选，最终聘请 3 家合作企业共计 14 位企业专业技术人员作为企业导师并颁发聘书。2018 年 7 月 5 日，14 位企业导师与学徒签订《师徒协议书》并完成拜师仪式，如图 2-16～图 2-18 所示。整个拜师仪式，尊崇中华民族的传统文化，全体学徒向师傅敬茶行礼，师傅向学徒赠送回徒帖，整个拜师过程庄重、严肃又不失古典文化气息。通过举办拜师仪式，学徒对学校、企业心怀感恩、敬重之情，企业师傅、学校教师牢记教书育人的神圣使命，学院与企业共同承担起了培养优秀学徒的神圣职责。

2018 年机械产品检测检验技术专业现代学徒制班级的学徒将进行每学期为期 3 周的企业见习。见习期间学院、企业将有双导师对学徒进行全程指导、监督，让学徒提前对企业兵工文化、专业技能进行深入学习。学徒培养已经步入正轨，有学生、企业、学校的共同努力，一定会取得很好的成效。

图 2-16　拜师仪式

图 2-17　颁发聘书

图 2-18　签订师徒协议

总结篇

一、机械产品检测检验技术专业教育部第二批现代学徒制试点自检报告

包头职业技术学院机械工程系机械产品检测检验技术专业自成功申报 2017 年教育部第二批现代学徒制试点项目以来，严格按照《教育部关于开展现代学徒制试点工作的意见》（教职成〔2014〕9 号）和《教育部办公厅关于做好 2017 年度现代学徒制试点工作的通知》（教职成厅函〔2017〕17 号）等文件的相关要求，积极开展试点工作，现将 2016—2018 年度本专业试点项目进展情况进行总结如下。

（一）试点专业概况

合作企业：内蒙古第一机械集团有限公司计量检测中心、丰达石油装备股份有限公司、天津立中集团包头盛泰汽车零部件制造有限公司。

试点专业：机械产品检测检验技术。

试点年级：2017 级（17 人）。

（二）试点任务完成情况

为推进现代学徒制在我院的顺利开展与实施，学院各级上下联动、多措并举，成立院、系两级现代学徒制试点工作领导小组，根据教育部有关文件的精神出台了《包头职业技术学院现代学徒制试点工作实施方案》《包头职业技术学院现代学徒制推进意见》《机械产品检测检验技术专业现代学徒制试点工作实施方案》等纲领性文件，明确组织机构、建设目标、建设举措、建设进度安排、分年度建设指标等内容，紧密围绕以下 5 个建设目标开展并积极推进试点工作。

1. 构建校企协同育人机制

本着"合作共赢、职责共担"的原则，逐步建立校企紧密合作、分段育人、多方参与评价的双主体协同育人机制。具体取得以下工作成果。

（1）校企双方签署联合培养协议 2017 年 12 月，我院分别与 3 家合作单位签署《机械产品检测检验技术专业现代学徒制培养模式校企合作协议书》，明确校企双方在人才培养过程的职责分工等具体内容。

（2）校企协同制定完成《机械产品检测检验技术专业现代学徒制人才培养成本分担机制的构建》 根据教育部《现代学徒制试点工作实施方案》中明确提出的试点内容，以"探索人才培养成本分担机制，统筹利用好校内实训场所、公共实训中心和企业实习岗位等教学资源，形成企业与职业院校联合开展现代学徒制的长效机制"为出发点，通过校企协同探索初步构建机械产品检测检验技术专业现代学徒制人才成本分担机制，明确人才培养过程中培养成本分担等内容，制定了《机械产品检测检验技术专业现代学徒制试点人才培养成本分担办法》。

（3）校企协同制定完成《校企资源数据表》 充分利用本专业现代学徒制建设平台有效整合校企资源，实现资源共享、合作共赢，特制定校企资源数据表，主要涵盖用于现代学徒制建设的校企软实力（师资队伍）与硬件（校内外实训资源）等资源内容。

2. 推进招生招工一体化

校企双方本着"三方"即学徒、企业、学校"利益共同"的理念推进招生招工一体化。具体取得以下工作成果。

（1）校企协同制定并签署《机械产品检测检验技术专业现代学徒制招生招工联合培养协议》 通过校企协同制定招生招工方案来规范本专业招生招工工作的具体流程。

（2）学校、企业和学生（学徒）联合签署《机械产品检测检验技术专业现代学徒制三方协议书》 通过三方协议明确学徒的企业员工和职业院校学生双重身份，明确各方权益及学徒在岗培养的具体岗位、权益保障措施等内容。

3. 完善人才培养制度和标准

校企双方根据技术技能人才成长规律以及合作单位计量检测岗位标准要求，完善人才培养制度和标准，具体取得以下工作成果。

（1）校企协同制定岗位标准与专业教学标准 根据3家合作单位几何量计量岗位的用人需求，确定本专业毕业生的主要职业领域和就业岗位（群），并制定本专业岗位标准与专业教学标准。

（2）校企协同制定完成本专业人才培养方案（校企两个版本） 机械产品检测检验技术专业现代学徒制建设主要以3家合作单位用人需求与岗位标准为人才培养目标，协同开发专业课程体系，同时将兵工精神的弘扬与培育融入人才培养的全过程，以学生（学徒）的技能培养为核心，同时注重企业兵工文化内涵的培育，形成具有兵工文化特色的人才培养方案。

（3）校企协同制定完成本专业15门专业课程的课程标准 包头职业技术学院与3家合作单位协同制定完成15门专业课程的课程标准，全力保障专业课程的组织与实施。

（4）校企协同制定完成本专业5门核心课程的教学方案 包头职业技术学院与3家合作单位协同制定完成"机械加工质量控制与检测""计量仪器与检测""测量技术实训""量仪检定与调修技术""几何量计量"5门专业核心课程的教学方案，全力保障本专业核心课程的组织与实施。

4. 建设校企互聘共用的师资队伍

双导师队伍建设是本专业现代学徒制的重要建设内容，校企积极探索互聘共用的双导师教学团队的打造，具体取得以下工作成果。

（1）校企协同制定《机械产品检测检验技术专业双导师队伍建设实施纲要》《机械产品检测检验技术专业双导师队伍建设实施纲要》明确了双导师的遴选流程与具体聘用条件，双导师的具体职责、日常管理、组织培养以及考核评价等相关内容，属于打造双导师队伍建设的纲领性文件。

（2）校企签订《双导师互聘共用合作协议》《包头职业技术学院现代学徒制双导师聘任审批表》，企业导师与学徒签订《师徒协议书》 为打造高质量的双导师教学团队，校企双方签订《双导师互聘共用合作协议》，根据企业导师聘用要求下发《包头职业技术学院现代学徒制双导师聘任审批表》，对3家合作企业的专业技术人员进行遴选，最终聘请3家合作企业共计14位企业专业技术人员作为企业导师并颁发聘书。2018年7月5日，14位企业导师与学徒签订《师徒协议书》并完成拜师仪式，企业导师将参与学徒培养的全过程。

5. 建立健全现代学徒制特点的管理制度

校企合力构建具有本专业现代学徒制特点的试点工作实施方案、学徒实习计划、教学管理制度以及学分制管理办法等制度，来保障本专业现代学徒制的顺利开展与实施，具体制定完成以下管理制度。

1）制定《机械产品检测检验技术专业现代学徒制试点工作实施方案》。

2）初步制定《机械产品检测检验技术专业教学质量管理办法》。

3）初步制定《机械产品检测检验技术专业学分管理办法》。

4）制定《机械产品检测检验技术专业现代学徒制专任教师工作职责》。

5）制定《机械产品检测检验技术专业带教师傅工作职责》。

6）制定《机械产品检测检验技术专业实习纲要》。

7）制定《机械产品检测检验技术专业现代学徒制教学管理与学徒管理纲要》。

8）制定《机械产品检测检验技术专业学生企业实习报告》。

9）制定《机械产品检测检验技术专业现代学徒制学徒实习管理办法》。

（注：机械产品检测检验技术专业现代学徒制试点项目具体指标完成情况见表3-1）

表3-1　机械产品检测检验技术专业现代学徒制试点项目验收要点与完成情况

建 设 内 容	2019年3月 （预期目标、验收要点）	完 成 情 况
1. 校企协同育人机制 负责人：王靖东、杨建军	预期目标： （1）校企双方签署联合培养协议，明确校企双方在分阶段人才培养过程中的职责分工 （2）校企初步建立人才培养成本分担机制 （3）校企整合教学资源、初步制定校企资源数据表 验收要点： （1）校企联合培养协议 （2）校企人才培养成本分担机制文件 （3）校企资源数据表	完成
2. 招生招工一体化 负责人：王靖东、杨建军	预期目标： （1）校企共同制定招生招工方案 （2）制定学徒、企业、学校签订的三方协议 验收要点： （1）招生招工方案 （2）制定三方协议	完成
3. 人才培养制度和标准 负责人：王慧、秦晋丽	预期目标： （1）校企双方共同制定人才培养方案 （2）校企双方共同制定5门专业核心课程教学方案（包括课程标准、教学设计、多媒体课件等） （3）校企双方共同安排教学过程 验收要点： （1）专业人才培养方案（含校企两个版本） （2）教学方案的制定（5门专业核心课程）	完成

（续）

建 设 内 容	2019 年 3 月 （预期目标、验收要点）	完 成 情 况
4. 校企互聘共用的师资队伍 负责人：李现友、韩丽华	预期目标： 建立"双导师"选拔、培养、考核、激励制度以及校企互聘共用、双向挂职锻炼的管理机制 验收要点： （1）形成"双导师"管理制度性文件 （2）建立校企互聘共用、双向挂职锻炼的管理机制	完成
5. 体现现代学徒制特点的管理制度 负责人：郭天臻、李敏	预期目标： 校企合力构建具有现代学徒制特点的试点工作实施方案、学徒实习计划、教学管理制度以及学分制管理办法和弹性学制管理办法 验收要点： （1）《包头职业技术学院机械产品检测检验技术专业现代学徒制试点工作实施方案》 （2）《机械产品检测检验技术专业教学质量管理办法》和《机械产品检测检验技术专业学分管理办法》 （3）《机械产品检测检验技术专业学徒实习计划纲要》 （4）《机械产品检测检验技术专业现代学徒制专任教师工作职责》 （5）《机械产品检测检验技术专业带教师傅工作职责》	完成

（三）工作成效及创新点

1. 工作成效

包头职业技术学院机械工程系机械产品检测检验技术专业自成功申报 2017 年教育部第二批现代学徒制试点项目以来，院系各级领导高度重视，上下联动、多措并举、校企合力、建章立制，严格按照提交教育部的现代学徒制建设方案与任务书紧锣密鼓地开展建设工作，目前已经按照项目建设时间节点完成预定的建设工作。

2. 创新点

（1）拓展合作企业，提升本专业服务地方产业发展的辐射力　在机械产品检测检验技术专业现代学徒制试点项目的建设初期，随着校企双方在本专业现代学徒制建设方面宣传力度的加大，内蒙古自治区包头市的另外两家装备制造企业表现出强烈的合作意愿，这两家企业意在联合包头职业技术学院与内蒙古第一机械集团有限公司计量检测中心来整合四方优势资源用于培养企业的战略后备人才队伍，为企业的可持续发展提供人力支持。

为了全面整合校企优势资源，实现强强联合、校企资源共享、合作共赢，提升本专业服务地方产业发展的辐射力，合作单位由原来单一的内蒙古第一机械集团有限公司计量检测中心变更为以下 3 家合作单位，即内蒙古第一机械集团有限公司计量检测中心、丰达石油装备股份有限公司、天津立中集团包头盛泰汽车零部件制造有限公司。

（2）弘扬兵工精神，构建职业技能与兵工精神有机融合的人才培养机制　机械产品检测检验技术专业现代学徒制建设试点合作企业内蒙古第一机械集团有限公司，曾用名"内蒙古第一机械厂（617厂）"，始建于1954年，是国家"一五"期间156个重点建设项目之一，是中国兵器工业集团的骨干企业。以此为契机，校企在协同制定人才培养方案的过程中，意将兵工精神的弘扬与培育融入人才培养的全过程，特设兵工文化特色内容，如企业专家讲座主要开设"兵工精神""吴运铎纪实"等内容，在以学生（学徒）的技能培养为核心的同时，注重企业兵工文化内涵的培育，构建职业技能与兵工精神有机融合的人才培养机制。

（四）资金到位和执行情况

项目建设经费是本专业现代学徒制项目顺利开展与实施的重要保障。机械产品检测检验技术专业现代学徒制试点项目经费到位情况见表3-2，项目经费的具体使用情况见表3-3。

表3-2　机械产品检测检验技术专业现代学徒制试点项目经费到位情况

时　间	企业投入/万元	学校投入/万元
自申报之日一至今	15	5
合计	20	

表3-3　机械产品检测检验技术专业现代学徒制试点项目经费使用情况

序号	建 设 内 容	学校投入资金/万元	企业投入资金/万元
1	机制建设费用	0.3	0.2
2	各培养方案、标准制定费用	0.5	0.3
3	企业师傅费用	1	0.3
4	实训基地建设	2.9	14
5	管理制度建设	0.3	0.2
合计	20	5	15

（五）存在问题及改进措施

1. 合作企业存在顾虑，需要建立形式多样的企业成本补偿机制，并加大对企业的考核力度来调动企业参与建设的积极性

在承担社会责任组织愿景发育不成熟的情况下，以赢利为目的的企业不会主动参与社会人力资本的原始培养，但是企业作为主要利益主体，需要遵循成本分担原则。为调动企业的合作积极性，建议构建以政府为主导、以补贴和奖励为手段分摊企业成本的现代学徒制人才培养成本的分担机制，同时加强教育部门、财政部门等统筹协调，以法律条文的形式规定企业参与学徒培训的税收减免政策，提高优惠政策的执行力度，同时也要加大对企业的考核力度来对其进行约束。

2. 本专业社会宣传力度不够

目前部分家长和学生对机械产品检测检验技术专业缺乏充分的了解，未形成正确的认识，导致招生人数存在一定的波动。今后学院系部要科学组织相关材料和案例，加大本专业宣传力度，力争在招生上有更大的突破，同时也需要政府在社会层面上加大对现代学徒制的宣传力度，争取在社会上形成普遍认知。

3. 缺乏适合现代学徒制的专业教材

根据校企协同开发的课程体系的具体要求，本专业缺乏具有现代学徒制特点的专业教材。学院系部与 3 家合作企业已成立机械产品检测检验技术专业教材编写领导小组，专门负责组织编写具有现代学徒制特点的适用专业教材。

（六）下一阶段工作计划

本专业现代学徒制建设下一阶段的工作计划将严格按照《机械产品检测检验技术专业现代学徒制试点工作实施方案》落实各项试点工作，具体包括以下内容。

1）校企协同完善双主体育人机制，研究探讨如何提升企业参与现代学徒制人才培养的积极性。

2）校企协同推进招生招工一体化方案改革，并着手探究"招生即招工、入校即入厂"国家和地方政策瓶颈的突破点。

3）校企协同完善本专业人才培养制度和标准建设，编写具有本专业现代学徒制特点的专业教材。

4）校企协同推进"双导师"的选拔、培养、考核、激励制度的建立，力争形成校企互聘共用、双向挂职锻炼的管理机制。

5）校企协同完善管理制度，包括学徒日常管理制度、学徒学分管理制度、双导师考核评价管理制度等内容。

二、校企协同育人，学徒岗位成才的"双元四阶段八共同"现代学徒制育人模式创新实践——教育部第二批现代学徒制试点实践创新总结报告

自机械产品检测检验技术专业立项教育部第二批现代学徒制试点建设专业以来，紧紧围绕"校企协同育人，学徒岗位成才"建设主线，坚持以服务发展、就业导向、技能为本、能力为重为原则，以推进产教融合、工学结合、知行合一为目标，以立德树人和促进学生（学徒）的全面发展为试点工作的根本任务，以创新招生制度、管理保障制度以及人才培养模式为突破口，以形成分工合作、协同育人、共同发展的长效机制为着力点，注重整体谋划、增强政策协调，逐步建立起"学生—学徒—准员工—员工"四位一体的分阶段校企双主体育人的现代学徒制度。逐步建立校企双元育人机制，建立"三方利益共同体"，实现"三个对接"，践行"四个融合"，开展"八共同"育人策略。通过试点建设，深化校企合作协同用人机制，探索校企联合招生、联合培养、双向兼职，创新"双元四阶段八共同"育人模式。

（一）创新实践背景与理论依据

为贯彻《教育部关于开展现代学徒制试点工作的意见》（教职成〔2014〕9 号）文件精神，落实关于《教育部办公厅关于做好 2017 年度现代学徒制试点工作的通知》（教职成厅函〔2017〕17 号）文件要求，包头职业技术学院遴选机械产品检测检验技术、新能源汽车技术等 5 个专业作为现代学徒制试点专业。由学院和合作企业共同组成试点项目工作组，校

企计划共投资 210 万元共同探索建立校企联合招生、联合培养、一体化育人的长效机制，完善学徒培养的教学文件、管理制度、相关标准，推进专兼结合、校企互聘互用的"双导师"师资队伍建设，建立健全现代学徒制的支持政策，形成和推广政府引导、行业参与、社会支持、企业和职业院校"双元四阶段八共同"一体化育人的中国特色现代学徒制，实现专业设置与产业需求对接，课程内容与职业标准对接，教学过程与生产过程对接，毕业证书与职业资格证书对接，职业教育与终身学习对接，提高人才培养质量和针对性，为地区经济发展和相关产业提供高素质技术技能型人才、技术支持及社会服务。

（二）解决教学问题创新实践思路和内容

1. 创新实践思路

（1）理论机制　加强理论学习，提升育人理念。校企定期组织机械产品检测检验技术专业的骨干教师与企业负责人、专业技术人员等共同学习现代学徒制相关方面的研究理论和实践性研究文件，提升开展校企协同育人、学生岗位成才的新型育人理念，为积极推进机械产品检测检验技术专业现代学徒制的试点工作奠定扎实的理论基础。

（2）研究机制　组织调研活动，开展专家讲座。机械产品检测检验技术专业现代学徒制建设项目组成员根据所任专业课程积极开展课程改革，及时总结经验，开展教师个人的自我反思，项目组成员研究实施方案，并与企业协同开发课程及其特色校本教材，将好的经验在教师中推广。坚持以解决教学实际问题为导向积极开展项目研究，强调理论研究与教学实践相辅相成。

（3）活动机制　加强业务培训，提升理论与实践创新能力。校企定期组织项目组成员参加教学改革的相关讲座，交流研究心得，撰写调研报告、相关论文和研究报告。

（4）保障机制　学院从组织、经费、制度和政策对现代学徒制试点建设项目予以全方位的保障。

2. 创新实践内容

总体上以行动研究为主，并辅之以文献法、调查法、案例法、经验总结法等反思总结经验，提升到理论来指导实践，推广应用。

（1）顶层设计　包头职业技术学院和机械工程系成立现代学徒制试点工作领导小组，制定《包头职业技术学院现代学徒制试点工作实施方案》《包头职业技术学院现代学徒制推进意见》《机械工程系机械产品检测检验技术专业现代学徒制试点工作实施方案》等现代学徒制纲领性文件。

（2）调研与签约　遴选合适的合作企业。签订校企合作协议，校企招生招工协议，以及学院、企业、学生签订的三方协议，明确校、企、生三方的责、权、利。

（3）建章立制　在机械产品检测检验技术专业现代学徒制的建设过程中，成立现代学徒制试点领导小组和现代学徒制工作小组，落实责任人，并逐步建立起一套包头职业技术学院机械产品检测检验技术专业现代学徒制试点工作实施方案。确定试点专业、专业人数、合作企业，制定实施办法和相关规章制度，制定试点专业实习计划、实习大纲、编写实习教材与实训手册。制定多方参与的考核评价与监督机制并予以实施，建立健全第三方中介评价考核办法及建立完善考评员专家库，建立《机械产品检测检验技术专业教学质量管理办法》《机械产品检测检验技术专业学分管理办法》《机械产品检测检验技术专业学徒管理办法》

《机械产品检测检验技术专业学徒实习计划纲要》《机械产品检测检验技术专业教师工作职责》《机械产品检测检验技术专业带教师傅工作职责》等制度，为机械产品检测检验技术专业现代学徒制试点提供完善的制度保障。

（4）项目实施　根据《包头职业技术学院现代学徒制试点工作实施方案》《包头职业技术学院现代学徒制推进意见》《机械工程系机械产品检验检验技术专业现代学徒制试点工作实施方案》，逐步落实相关建设内容，校企协同制定并完善招生招工一体化方案，制定人才培养制度与标准，开发企业实训教材，打造"双导师"教学团队，总结经验，推广应用。

（5）问题与对策　总结分析现代学徒制试点工作中存在的问题，开展对策研究并提出解决策略。

（三）创新实践成果

1. 创新人才培养模式
按照"招生即招工、入校即入厂、校企联合培养"的思路，创新实践"双元四阶段八共同"现代学徒制育人机制。

2. 改革教育教学模式
以适应培养岗位综合需求为导向，严格根据合作企业用人需求和岗位标准要求制定专业教学标准、专业课程标准和人才培养方案，推行工学交替，着力促进知识传授与生产实践的紧密衔接。

3. 全力打造"双导师"教师队伍
（1）建立专兼职结合的"双导师"制　建立"双导师"选拔、培养、考核、激励制度，形成校企互聘共用、双向挂职锻炼的管理机制。明确"双导师"职责和待遇，合作企业要选拔优秀高技能人才担任师傅，明确师傅的责任和待遇，将其承担的教学任务纳入企业员工的考核内容，并享受相应的带徒津贴。校方要选派专业带头人或专业骨干教师担任学校导师，将其企业实践和技术服务纳入教师考核并优先作为晋升专业技术职务的重要依据，按照优于其他教师的原则，落实学校导师的各项待遇。

（2）建立灵活的人才流动机制　校企双方共同制定双向挂职锻炼、横向联合技术研发、专业建设的激励制度和考核奖惩制度，提高"双导师"的实践能力和教学水平。

4. 完善内部管理
以内部质量保证体系建设为基础，全面加强教学诊断与改进工作。

5. 改革考核评价模式
以培养岗位综合技能要求为标准，注重岗位技能与职业精神的综合培育，改革以往学校自主考评的评价模式，制定岗位培养考核准，将学生（学徒）工作业绩和师傅评价纳入学生学业评价。

（四）成果推广应用成效

1. 建章立制
制定《机械产品检测检验技术专业现代学徒制试点项目实施方案》等11项现代学徒制运行与管理制度。

2. 牵头申报立项

机械产品检测检验技术专业立项教育部第二批现代学徒制试点专业以及全国机械行指委和教育厅创新发展行动计划立项项目。

3. 总结实施"现代学徒制培养模式构建五步法"

第一步：选择合作企业和专业，"双元"协同育人；第二步：确定招生招工运行方式，学生—学徒—准员工—正式员工"四阶段"运行；第三步：校企深度合作"八共同"，共建人才培养方案、专业教学标准和课程标准、课程模块、工作导向课程体系等；第四步：教学管理方式和资源配置，过程管理和质量监控；第五步：校企共同考核评价。

4. 总结研究，推广应用

1）推广应用多年校企合作订单班的经验。目前机械工程系机械制造与自动化专业正筹备采用现代学徒班或者订单班的人才培养模式。

2）立项内蒙古自治区教育科学"十三五"规划课题2个（职业技能与工匠精神有机融合的现代学徒制理论与实践探索研究NZJGH2018046、高职院校现代学徒制中企业师傅"权责"的研究NZJGH2018056）；立项并完成校内教研项目研究1项（机械产品检测检验技术专业现代学徒制试点方案设计ZX201707）。

3）"双元四阶段八共同"一体化育人模式成效显著。

① 双元教学，资源共享。围绕"做中学、学中做"的产教深度融合，工学交替，校企协同育人，教育培训资源整合共享。学生入学就接受企业文化熏陶，学习目标明确，学习主动性高，正确定位职业规划，职业素养有效提升，危机意识强化，增强了就业竞争力，学有所用，职业生涯可持续发展。

② 校企合作，协同育人。学院紧密围绕企业岗位综合技能要求来培养高素质技术技能人才，提高了教育教学质量和人才培养质量。企业"转方式、调结构、促升级"有了选得着、用得上、留得住的人力资源保障。

③ 产教深度融合，校企探索合作新模式。校企积极整合优势资源，与内蒙古第一机械集团有限公司计量检测中心、丰达石油装备股份有限公司、天津立中集团包头盛泰汽车零部件制造有限公司共建机械产品检测检验技术实训室。同时校企在现代学徒制育人模式、创新创业与就业、学术交流、技术服务与咨询等方面展开合作。校企双方在教育教学、运行管理、技术服务、招生就业、评价等方面进行共建共育，提升人才培养质量，实现校、企、生三赢。

④ 教科研和社会服务建设。学院机械工程系主持承担了自治区级以上重点教学课题2项，院以上教科研项目1项，发表论文2篇，编写出版教材数量2本。完成社会技术服务和培训每年200余人次。

（五）创新点及特色

1. 校企"双主体"协同育人

紧密围绕"双轨运行""双主体管理""双主体评价""双主体服务"的建设理念，校企联合签署"两份协议"，即联合培养协议、招生招工一体化协议。学校、企业、学生共同签订三方协议，明确校、企、生各方的责、权、利。依托"两个训练"，即专业技能训练和岗位技能训练，实施联合培养。实施"两套标准"，即专业教学标准和课程标准、职业标准和培训标准，共同规范人才培养过程。建设"双导师队伍"，实现共培互聘。

2. "四阶段"——(学生—学徒—准员工—正式员工)

按照"学生—学徒—准员工—员工"四位一体的人才培养的总体思路，践行教室与岗位、教师与师傅、考试与考核、学历与证书的"四个融合"，实施三段式育人机制，即第一阶段学徒入门期、第二阶段学徒成长期、第三阶段学徒成熟期。

3. "八共同"

校企协同制定人才培养方案，协同开发课程体系，协同制定课程标准，协同编写企业特色教材，协同建设实训基地，协同培养"双师型""双导师"师资，协同实施教学和学生管理，协同进行学生考核评价和指导学生就业创业等。

4. 实施现代化学徒制人才培养模式五步法

第一步，选择合作企业和专业；第二步，确定招生工运行方式；第三步，校企深度合作，共建人才培养方案：定专业教学标准和课程标准、定课程模块、定工作导向课程体系；第四步，教学管理方式与资源配置：规章建立，过程管理和质量监控；第五步，校企考核评价。

(六) 进一步创新实践思路

突破下列难题。

1) 如何调动企业积极性，选择合适的现代学徒制合作企业。

2) "招生即招工、入校即入厂、校企联合培养"的思路如何突破国家和地方政策瓶颈。

3) 学生（或家长）、学校与企业签订现代学徒制三方协议，责权利的界定问题。

4) 教学过程管理和教学质量监控。

5) 学生就业质量和流失率问题。

6) 激励机制的建立。

7) 资源共享：包括技术力量、实训设备、实训场地等。

经过两年的探索，创新实践了"双元四阶段八共同"现代学徒制育人模式，以"职业岗位-工作任务-职业能力"为核心，以"课程对接岗位、能力对接标准、评价对接社会"为切入点，以"按企业员工综合素养要求和学生认知规律、引入企业关键技术技能"为原则，特色鲜明。

对学校，开展"现代学徒制"促进了学校的教学改革、课程体系重构、课程开发、管理模式创新，使教育资源得到了整合和优化配置，有效提升了人才质量；对企业，培养了专业对口、技术过硬的储备人才，加快了员工与企业之间的融合，提升了企业实效；对学生，以学徒身份亲身体验、接受企业文化熏陶，接受企业安全、责任、纪律等教育活动，职业素养有效提升，竞争意识强，学习主动性高，增强了就业竞争力，企业认可度高，实现了校、企、生三赢。

附　录

附录A 教育部关于开展现代学徒制试点工作的意见

教职成〔2014〕9 号

各省、自治区、直辖市教育厅（教委），各计划单列市教育局，新疆生产建设兵团教育局，有关单位：

为贯彻党的十八届三中全会和全国职业教育工作会议精神，深化产教融合、校企合作，进一步完善校企合作育人机制，创新技术技能人才培养模式，根据《国务院关于加快发展现代职业教育的决定》（国发〔2014〕19 号）要求，现就开展现代学徒制试点工作提出如下意见。

一、充分认识试点工作的重要意义

现代学徒制有利于促进行业、企业参与职业教育人才培养全过程，实现专业设置与产业需求对接，课程内容与职业标准对接，教学过程与生产过程对接，毕业证书与职业资格证书对接，职业教育与终身学习对接，提高人才培养质量和针对性。建立现代学徒制是职业教育主动服务当前经济社会发展要求，推动职业教育体系和劳动就业体系互动发展，打通和拓宽技术技能人才培养和成长通道，推进现代职业教育体系建设的战略选择；是深化产教融合、校企合作，推进工学结合、知行合一的有效途径；是全面实施素质教育，把提高职业技能和培养职业精神高度融合，培养学生社会责任感、创新精神、实践能力的重要举措。各地要高度重视现代学徒制试点工作，加大支持力度，大胆探索实践，着力构建现代学徒制培养体系，全面提升技术技能人才的培养能力和水平。

二、明确试点工作的总要求

1. 指导思想

以邓小平理论、"三个代表"重要思想、科学发展观为指导，坚持服务发展、就业导向，以推进产教融合、适应需求、提高质量为目标，以创新招生制度、管理制度和人才培养模式为突破口，以形成校企分工合作、协同育人、共同发展的长效机制为着力点，以注重整体谋划、增强政策协调、鼓励基层首创为手段，通过试点、总结、完善、推广，形成具有中国特色的现代学徒制度。

2. 工作原则

——坚持政府统筹，协调推进。要充分发挥政府统筹协调作用，根据地方经济社会发展需求系统规划现代学徒制试点工作。把立德树人、促进人的全面发展作为试点工作的根本任务，统筹利用好政府、行业、企业、学校、科研机构等方面的资源，协调好教育、人社、财政、发改等相关部门的关系，形成合力，共同研究解决试点工作中遇到的困难和问题。

——坚持合作共赢，职责共担。要坚持校企双主体育人、学校教师和企业师傅双导师教学，明确学徒的企业员工和职业院校学生双重身份，签好学生与企业、学校与企业两个合同，形成学校和企业联合招生、联合培养、一体化育人的长效机制，切实提高生产、服务一线劳动者的综合素质和人才培养的针对性，解决好合作企业招工难问题。

——坚持因地制宜，分类指导。要根据不同地区行业、企业特点和人才培养要求，在招生与招工、学习与工作、教学与实践、学历证书与职业资格证书获取、资源建设与共享等方面因地制宜，积极探索切合实际的实现形式，形成特色。

——坚持系统设计，重点突破。要明确试点工作的目标和重点，系统设计人才培养方案、教学管理、考试评价、学生教育管理、招生与招工，以及师资配备、保障措施等工作。以服务发展为宗旨，以促进就业为导向，深化体制机制改革，统筹发挥好政府和市场的作用，力争在关键环节和重点领域取得突破。

三、把握试点工作内涵

1. 积极推进招生与招工一体化

招生与招工一体化是开展现代学徒制试点工作的基础。各地要积极开展"招生即招工、入校即入厂、校企联合培养"的现代学徒制试点，加强对中等和高等职业教育招生工作的统筹协调，扩大试点院校的招生自主权，推动试点院校根据合作企业需求，与合作企业共同研制招生与招工方案，扩大招生范围，改革考核方式、内容和录取办法，并将试点院校的相关招生计划纳入学校年度招生计划进行统一管理。

2. 深化工学结合人才培养模式改革

工学结合人才培养模式改革是现代学徒制试点的核心内容。各地要选择适合开展现代学徒制培养的专业，引导职业院校与合作企业根据技术技能人才成长规律和工作岗位的实际需要，共同研制人才培养方案、开发课程和教材、设计实施教学、组织考核评价、开展教学研究等。校企应签订合作协议，职业院校承担系统的专业知识学习和技能训练；企业通过师傅带徒形式，依据培养方案进行岗位技能训练，真正实现校企一体化育人。

3. 加强专兼结合师资队伍建设

校企共建师资队伍是现代学徒制试点工作的重要任务。现代学徒制的教学任务必须由学校教师和企业师傅共同承担，形成双导师制。各地要促进校企双方密切合作，打破现有教师编制和用工制度的束缚，探索建立教师流动编制或设立兼职教师岗位，加大学校与企业之间人员互聘共用、双向挂职锻炼、横向联合技术研发和专业建设的力度。合作企业要选拔优秀高技能人才担任师傅，明确师傅的责任和待遇，师傅承担的教学任务应纳入考核，并可享受带徒津贴。试点院校要将指导教师的企业实践和技术服务纳入教师考核并作为晋升专业技术职务的重要依据。

4. 形成与现代学徒制相适应的教学管理与运行机制

科学合理的教学管理与运行机制是现代学徒制试点工作的重要保障。各地要切实推动试点院校与合作企业根据现代学徒制的特点，共同建立教学运行与质量监控体系，共同加强过程管理。指导合作企业制定专门的学徒管理办法，保证学徒基本权益；根据教学需要，合理安排学徒岗位，分配工作任务。试点院校要根据学徒培养工学交替的特点，实行弹性学制或学分制，创新和完善教学管理与运行机制，探索全日制学历教育的多种实现形式。试点院校和合作企业共同实施考核评价，将学徒岗位工作任务完成情况纳入考核范围。

四、稳步推进试点工作

1. 逐步增加试点规模

将根据各地产业发展情况、办学条件、保障措施和试点意愿等，选择一批有条件、基础好的地市、行业、骨干企业和职业院校作为教育部首批试点单位。在总结试点经验的基础上，逐步扩大实施现代学徒制的范围和规模，使现代学徒制成为校企合作培养技术技能人才的重要途径。逐步建立起政府引导、行业参与、社会支持，企业和职业院校双主体育人的中国特色现代学徒制。

2. 逐步丰富培养形式

现代学徒制试点应根据不同生源特点和专业特色，因材施教，探索不同的培养形式。试点初期，各地应引导中等职业学校根据企业需求，充分利用国家注册入学政策，针对不同生源，分别制定培养方案，开展中职层次现代学徒制试点。引导高等职业院校利用自主招生、单独招生等政策，针对应届高中毕业生、中职毕业生和同等学力企业职工等不同生源特点，分类开展专科学历层次不同形式的现代学徒制试点。

3. 逐步扩大试点范围

现代学徒制包括学历教育和非学历教育。各地应结合自身实际，可以从非学历教育入手，也可以从学历教育入手，探索现代学徒制人才培养规律，积累经验后逐步扩大。鼓励试点院校采用现代学徒制形式与合作企业联合开展企业员工岗前培训和转岗培训。

五、完善工作保障机制

1. 合理规划区域试点工作

各地教育行政部门要根据本意见精神，结合地方实际，会同人社、财政、发改等部门，制定本地区现代学徒制试点实施办法，确定开展现代学徒制试点的行业企业和职业院校，明确试点规模、试点层次和实施步骤。

2. 加强试点工作组织保障

各地要加强对试点工作的领导，落实责任制，建立跨部门的试点工作领导小组，定期会商和解决有关试点工作重大问题。要有专人负责，及时协调有关部门支持试点工作。引导和鼓励行业、企业与试点院校通过组建职教集团等形式，整合资源，为现代学徒制试点搭建平台。

3. 加大试点工作政策支持

各地教育行政部门要推动政府出台扶持政策，加大投入力度，通过财政资助、政府购买等奖励措施，引导企业和职业院校积极开展现代学徒制试点。并按照国家有关规定，保障学生权益，保证合理报酬，落实学徒的责任保险、工伤保险，确保学生安全。大力推进"双证融通"，对经过考核达到要求的毕业生，发放相应的学历证书和职业资格证书。

4. 加强试点工作监督检查

加强对试点工作的监控，建立试点工作年报年检制度。各试点单位应及时总结试点工作经验，扩大宣传，年报年检内容作为下一年度单招核准和布点的依据。对于试点工作不力或造成不良影响的，将暂停试点资格。

教育部

2014 年 8 月 25 日

附录 B　教育部第二批现代学徒制试点工作方案

为贯彻落实全国职业教育工作会议精神和《国务院关于加快发展现代职业教育的决定》，扎实推进《国家教育事业发展"十三五"规划》，持续做好现代学徒制试点工作，根据《教育部关于开展现代学徒制试点工作的意见》（教职成〔2014〕9 号）制定本方案。

一、试点目标

探索建立校企联合招生、联合培养、一体化育人的长效机制，完善学徒培养的教学文件、管理制度、相关标准，推进专兼结合、校企互聘互用的双师结构师资队伍建设，建立健全现代学徒制的支持政策，形成和推广政府引导、行业参与、社会支持，企业和职业院校双主体育人的中国特色现代学徒制。

二、试点内容

（一）探索校企协同育人机制。完善学徒培养管理机制，明确校企双方的职责与分工，推进校企紧密合作、协同育人。完善校企联合招生、共同培养、多方参与评价的双主体育人机制。探索人才培养成本分担机制，统筹利用好校内实训场所、公共实训中心和企业实习岗位等教学资源，形成企业与职业院校联合开展现代学徒制的长效机制。

（二）推进招生招工一体化。完善职业院校招生录取与企业用工一体化的招生招工制度，推进校企共同制订和实施招生招工方案。规范职业院校招生录取和企业用工程序，签订学生与企业、学校与企业两份合同（或学徒、学校和企业之间的三方协议），明确学徒的企业员工和职业院校学生双重身份（对于年满16周岁未达到18周岁的学徒，须由学徒、监护人、学校和企业四方签订协议），明确各方权益及学徒在岗培养的具体岗位、教学内容、权益保障等。

（三）完善人才培养制度和标准。按照"合作共赢、职责共担"原则，校企共同设计人才培养方案，共同制订专业教学标准、课程标准、岗位技术标准、师傅标准、质量监控标准及相应实施方案。校企共同建设基于工作内容的专业课程和基于典型工作过程的专业课程体系，开发基于岗位工作内容、融入国家职业资格标准的专业教学内容和教材。

（四）建设校企互聘共用的师资队伍。完善双导师制，建立健全双导师的选拔、培养、考核、激励制度，形成校企互聘共用的管理机制。明确导师的职责和待遇，合作企业要选拔优秀高技能人才担任师傅，明确师傅的责任和待遇。院校要将指导教师的企业实践和技术服务纳入教师考核并作为晋升专业技术职务的重要依据。建立灵活的人才流动机制，校企双方共同制订双向挂职锻炼、联合技术研发、专业建设的激励制度和考核奖惩政策。

（五）建立体现现代学徒制特点的管理制度。建立健全与现代学徒制相适应的教学管理制度，制订学分制管理办法和弹性学制管理办法。创新考核评价与督查制度，基于工作岗位制订以育人为目标的学徒考核评价标准，建立多方参与的考核评价机制。建立定期检查、反馈等形式的教学质量监控机制。制订学徒管理办法，保障学徒权益，根据教学需要，科学安排学徒岗位、分配工作任务，保证学徒合理报酬。落实学徒的责任保险、工伤保险，确保人身安全。

三、试点形式

现代学徒制试点自愿申报。申报试点的单位应是具有一定工作基础、愿意先行先试的地级市、行业、企业及职业院校。

（一）地级市牵头开展试点。以地级市作为试点单位，统筹辖区内职业院校和企业，立足辖区内职业院校资源和企业资源确定试点专业和学生规模，重点探索地方实施现代学徒制的支持政策和保障措施。

（二）行业牵头开展试点。以行业作为试点单位，统筹行业内职业院校和企业，选择行业职业教育重点专业开展现代学徒制试点工作，侧重开发规范和保证现代学徒制实施的各类标准。

（三）职业院校牵头开展试点。以职业院校作为试点单位，选择学校主干专业，联合有条件、有意愿的企业共同开展试点工作，重点探索现代学徒制的人才培养模式和管理制度。

（四）企业牵头开展试点。以具有校企一体化育人经验的规模企业作为试点单位，联合职业院校共同开展试点工作，重点探索企业参与现代学徒制的有效途径、运作方式和激励机制。

四、工作安排

第二批现代学徒制试点工作按照自愿申报、省级推荐、部级评议、组织实施、验收推广等程序进行，试点工作在省级教育行政部门的统筹协调下开展。

（一）自愿申报。申报单位须提交试点实施方案，根据实施方案编制并提交任务书。地级市、职业院校、企业及区域行业组织的申报材料由所在省级教育行政部门统一组织报送（企业申报材料由合作院校所在省教育行政部门报送），全国性行业组织申报材料直接报送教育部（职成司）。

（二）省级推荐。省级教育行政部门对照教育部要求，结合区域发展和产业布局，统筹考虑省内职业院校、企业、区域行业组织，推荐试点单位。

（三）部级评议。教育部组织专家对申报材料进行评审、遴选，优先支持高附加值产业相关专业及新一代信息技术、高档数控机床和机器人、航空航天装备、海洋工程装备及高技术船舶、先进轨道交通装备、节能与新能源汽车、电力装备、新材料、生物医药及高性能医疗器械、农业机械装备等与"中国制造2025"联系密切的10大领域相关专业开展试点；优先支持目标明确、方案完善、支持力度大、示范性强的申报试点。

（四）组织实施。省级教育行政部门负责区域内试点工作的统筹协调，年度检查；教育部组建"现代学徒制工作专家指导委员会"对试点工作进行指导、监督和检查，组织推动各地和试点单位之间经验交流，及时固化和完善成功经验。

（五）验收推广。试点工作自批准起为期二年。试点期满，试点单位须对照任务书进行总结，撰写总结报告；省级教育行政部门应对所属试点单位进行全面检查，组织省级验收，并将验收结论函报教育部；教育部将组织专家审核省级验收结论，视审核情况组织抽查，公布最终验收结果。省级教育行政部门及各试点单位应在成功试点的基础上，有序推广实施现代学徒制，使现代学徒制成为校企合作培养技术技能人才的重要途径。

五、保障措施

（一）加强试点指导。各地要加强对试点工作的指导，落实责任制，建立跨部门的试点工作领导小组，定期会商和解决有关试点工作重大问题；专人负责，及时协调有关部门支持试点工作；制订试点工作扶持政策，加强对招生工作的统筹协调；加大投入，通过财政资助、政府购买等措施引导企业和职业院校实施现代学徒制培养。

（二）科学组织实施。各试点单位要深入调研，科学制定实施方案，明确试点任务和目标；精心组织实施，坚持问题导向，针对现代学徒制试点过程中的实际问题，着力创新体制机制，完善制度体系，优化政策环境，确保试点工作取得实效。

（三）注重实务研究。试点单位要坚持边试点边研究，及时总结提炼，注重把试点工作中的好做法和好经验上升成为理论和措施，促进理论与实践同步发展。